TURING

即学即用的
新手设计系统课

优设 Cinema 4D 三维设计实训教程

杨洋 杜宇 张优优 著

人民邮电出版社
北京

图书在版编目（CIP）数据

优设Cinema 4D三维设计实训教程 / 杨洋，杜宇，张优优著. -- 北京 : 人民邮电出版社，2024.7
ISBN 978-7-115-63970-7

Ⅰ. ①优… Ⅱ. ①杨… ②杜… ③张… Ⅲ. ①三维动画软件－教材 Ⅳ. ①TP391.414

中国国家版本馆CIP数据核字(2024)第057605号

◆ 著　　　杨　洋　杜　宇　张优优
责任编辑　赵　轩
责任印制　胡　南

◆ 人民邮电出版社出版发行　　北京市丰台区成寿寺路 11 号
邮编　100164　　电子邮件　315@ptpress.com.cn
网址　https://www.ptpress.com.cn
临西县阅读时光印刷有限公司印刷

◆ 开本：720×960　1/16
印张：11.25　　　　2024 年 7 月第 1 版
字数：209 千字　　　2024 年 7 月河北第 1 次印刷

定价：69.80 元

读者服务热线：(010)84084456-6009　印装质量热线：(010)81055316
反盗版热线：(010)81055315
广告经营许可证：京东市监广登字 20170147 号

序

相比于2012年“优设”平台上线之时，设计工具、技巧与应用在这十余年中日新月异，广大设计师对于“优秀设计”“优秀教程”的追求从未停歇。本质上，掌握前沿设计手法，娴熟运用恰当的设计工具，设计师就可以站在流量的舞台上体现自身的价值，得到积极的回报。

“设计除了是一份工作，它还具备一种魔力，当你第一次用‘设计’解决某个难题，实现某种效果，抑或是上下挪动为那一像素纠结时，你会情不自禁地被它迷住。”我的这个观点得到了许多“不疯魔不成活”设计师的认同。在“优设”，我每天都会看到不少作者和用户将“成为一个专业设计师”作为自己的目标，梦想着自己今后也能做出既美观漂亮又精妙实用的作品。

当然，理想归理想，现实往往也有着各种各样的规范与约束。投身设计行业的年轻人，往往会在开始阶段就直面各种束缚，经历各种坎坷：从2K、4K的大屏幕到智能手机屏幕的方寸之间，设计师需要在有限的空间中呈现恰到好处的视觉信息，这些无不挑战着设计师的技术与想象力；激烈的市场竞争更是不断将设计师的体力推向极限，特别是AI工具的集中涌现，使得设计师们要掌握的工具更多了。不同年龄和不同地域的设计师们，正在积极地学习和探索。

我们创立“优设”的初衷，就是陪伴设计师度过最艰难的起步阶段，直至进阶成长为中流砥柱的专业人才。十多年来，我们分享免费素材，设计事半功倍的工作流，创作大家喜闻乐见的免费可商用字体，输出独具特色的设计方法论，搭建备受好评的UiiiUiii教程网。面向行业的设计新人和爱好者们，我们携手“优设”内的顶尖名师们授业解惑，桃李满天下，而后我们更积极参与产学融合，提升学生实践能力，以“优设”独有的方式为行业贡献力量。我们通过“开放！分享！成长！”的理念来解开设计师身上的束缚，与其并肩走过职场内外的坎坷。

“优设”分享过数不清的高质量设计教程，一直受到年轻一代设计师的广泛好评。令人惊喜的是，越来越多的高校也成为“优设”的坚实伙伴，一起为艺术院校的学子和老师们提供最前沿的设计知识和实战教案。本系列教程的出版，也是“优设”对用户们期盼的具体回应。在与用户学员互动的过程中，我们听到了来自用人企业、院校教师、设计新手的种种呼声，他们希望“优设”能够将前沿的设计思想与贴近现实的设计项目相结合，创作一份能让新手设计师“看得懂、学得会、用得上”的设计教程。为此，我们心怀敬畏，从多个层面和角度深挖学习需求，精心拟定学习方案，打磨设计项目案例，并邀请拥有多年商业经验与教学经验的设计师共同参与创作，希望它能成为一双翅膀，助力新手设计师展翅飞翔，拥抱变幻莫测的未来。

优设创始人　张鹏

课时建议

<table>
<tr><td>课程名称</td><td colspan="4">优设Cinema 4D三维设计实训教程</td></tr>
<tr><td>教学目标</td><td colspan="4">了解Cinema 4D在设计行业中的典型应用，通过项目实操，学会Cinema 4D的核心功能，掌握三维设计的关键技能，最终能够使用Cinema 4D完成高质量的设计项目</td></tr>
<tr><td>总课时</td><td>32</td><td>总周数</td><td colspan="2">8</td></tr>
<tr><td colspan="5">课时安排</td></tr>
<tr><td>周次</td><td>建议课时</td><td>教学内容</td><td>单课总课时</td><td>作业数量</td></tr>
<tr><td>1</td><td>4</td><td>项目1　清新风格电商产品主图设计</td><td>4</td><td>1</td></tr>
<tr><td>2</td><td>4</td><td rowspan="2">项目2　科技风格会场主视觉设计</td><td rowspan="2">8</td><td rowspan="2">1</td></tr>
<tr><td>3</td><td>4</td></tr>
<tr><td>4</td><td>4</td><td rowspan="2">项目3　写实风格产品海报设计</td><td rowspan="2">8</td><td rowspan="2">1</td></tr>
<tr><td>5</td><td>4</td></tr>
<tr><td>6</td><td>4</td><td rowspan="2">项目4　卡通风格IP形象设计</td><td rowspan="2">8</td><td rowspan="2">1</td></tr>
<tr><td>7</td><td>4</td></tr>
<tr><td>8</td><td>4</td><td>项目5　手机APP开屏画面设计</td><td>4</td><td>1</td></tr>
</table>

本书导读

本书采用项目式结构，按照学习目标、学习场景描述、任务书、任务拆解、工作准备、工作实施和交付、拓展知识（除项目5）、作业、作业评价，对每个项目的内容进行了划分。

学习目标： 通过对项目的学习，读者可以掌握什么技能，可以达到什么水平。

学习场景描述： 该项目在实际工作中的需求场景。描述读者在做该项目时的岗位角色是谁，客户是谁，客户会提出什么样的需求，将读者带入需求场景。

任务书： 客户提出需求的书面信息，包括项目名称、项目资料、项目要求和完成时间等。

任务拆解： 实施该项目的关键环节。

工作准备： 在具体制作该项目前，读者应该具备的知识点，如果已经掌握可以跳过。

工作实施和交付： 按照任务拆解的关键环节实施操作，完成项目任务，达到项目文件制作要求。

拓展知识： 针对该类型的项目，读者还应掌握哪些知识或者技能。

作业： 每个项目讲解完成后，针对该项目类型会发布一个同类型的项目需求，用以检测读者是否掌握了制作该类型项目的技能，能否举一反三。

作业评价： 根据作业的需求，从需求方的角度设计评价维度，通过评价维度，读者可自行检测所完成的项目是否达到了交付要求。

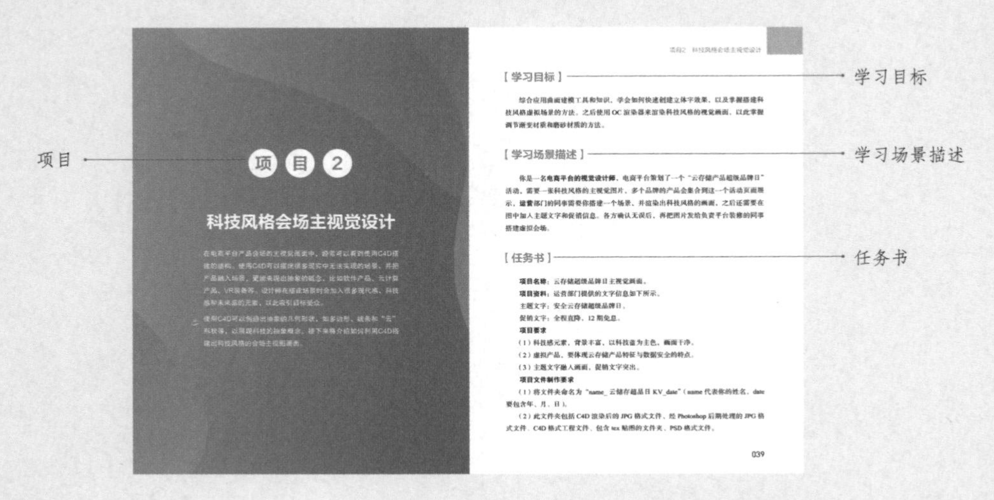

【学习目标】

综合应用曲面建模工具和知识，学会如何快速创建立体字效果，以及掌握搭建科技风格虚拟场景的方法。之后使用OC渲染器来渲染科技风格的视觉画面，以此掌握调节渐变材质和磨砂材质的方法。

【学习场景描述】

你是一名电商平台的视觉设计师，电商平台策划了一个"云存储产品超级品牌日"活动，需要一张科技风格的主视觉图片，多个品牌的产品会集合到这一个活动页面展示，运营部门的同事需要你搭建一个场景，并渲染出科技风格的画面，之后还需要在图中加入主题文字和促销信息。各方确认无误后，再把图片发给负责平台装修的同事搭建虚拟会场。

【任务书】

项目名称：云存储超级品牌日主视觉画面。

项目资料：运营部门提供的文字信息如下所示。

主题文字：安全云存储超级品牌日。

促销文字：全程直降，12期免息。

项目要求

（1）科技感元素，背景丰富，以科技蓝为主色，画面干净。

（2）虚拟产品，要体现云存储产品特征与数据安全的特点。

（3）主题文字融入画面，促销文字突出。

项目文件制作要求

（1）将文件夹命名为"name_云储存超品日KV_date"（name代表你的姓名，date要包含年、月、日）。

（2）此文件夹包括C4D渲染后的JPG格式文件、经Photoshop后期处理的JPG格式文件、C4D格式工程文件、包含tex贴图的文件夹、PSD格式文件。

039

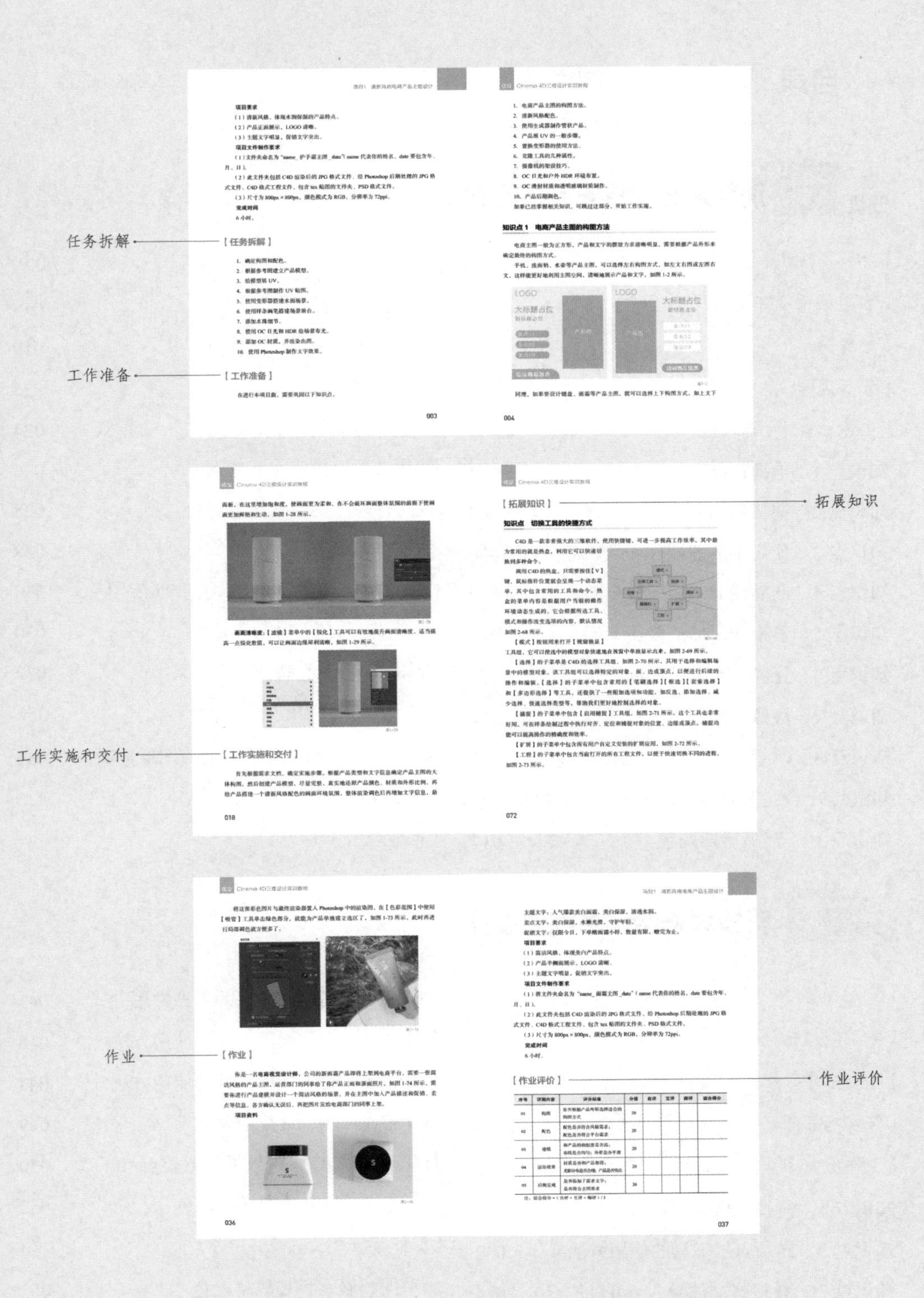
任务拆解
工作准备
工作实施和交付
拓展知识
作业
作业评价

目录

项目 1 清新风格电商产品主图设计

项目 2 科技风格会场主视觉设计

项目 3 写实风格产品海报设计

项目 4 卡通风格 IP 形象设计

目录

项目 1

清新风格电商产品主图设计

Cinema 4D（后文简称为C4D）常用于电商产品主图设计。电商设计师在制作外形简单的产品的主图时，通常会在C4D中进行建模渲染，这样可以省去影棚摄影的人力和时间成本，在后期修图和合成文字时也会更加简单便捷，并且C4D渲染出的产品图完成度更高，角度可以随时调整，更能体现产品精致的外形和满足电商设计多变的需求。

清新风格适合许多类型的产品主图，特别是那些强调自然、舒适、清新感的产品。接下来将介绍如何利用C4D设计一张清新风格的电商产品主图。

【学习目标】

运用曲面建模知识，使用C4D中的【放样】【挤压】和【样条画笔】等工具，快速构建一个简单、对称的产品外形，之后使用OC渲染器渲染产品主图，从而掌握快速建模技巧、小清新风格配色要点和电商主图构图技巧。

【学习场景描述】

你是一名**电商视觉设计师**，公司新推出的护手霜即将上架到电商平台，需要一张清新风格的主图，**运营**部门的同事给了你产品的三视图，需要你进行**产品建模**并设计一个清新风格的场景，在主图中加入产品描述和促销、卖点等信息。各方确认无误后，再把图片发给负责电商后台的同事将它上传到电商平台。

【任务书】

项目名称：护手霜主图（单张）。

项目资料：运营部门的同事提供的资料包含护手霜三视图，如图1-1所示。主图所需文字如下所示（实际排版无须使用标点）。

图1-1

主题文字：人气爆款，水润高保湿护手霜，滋润双手，持久保湿。

卖点文字：美白保湿，水嫩光滑，守护年轻。

促销文字：仅限今日，下单赠护手霜小样，数量有限，赠完为止。

项目要求

（1）清新风格，体现水润保湿的产品特点。

（2）产品正面展示，LOGO 清晰。

（3）主题文字明显，促销文字突出。

项目文件制作要求

（1）文件夹命名为 “name_ 护手霜主图 _date”(name 代表你的姓名，date 要包含年、月、日)。

（2）此文件夹包括 C4D 渲染后的 JPG 格式文件、经 Photoshop 后期处理的 JPG 格式文件、C4D 格式工程文件、包含 tex 贴图的文件夹、PSD 格式文件。

（3）尺寸为 800px × 800px，颜色模式为 RGB，分辨率为 72ppi。

完成时间

6 小时。

【任务拆解】

1. 确定构图和配色。
2. 根据参考图建立产品模型。
3. 给模型展 UV。
4. 根据参考图制作 UV 贴图。
5. 使用变形器搭建水面场景。
6. 使用样条画笔搭建场景展台。
7. 添加水珠细节。
8. 使用 OC 日光和 HDR 给场景布光。
9. 添加 OC 材质，并渲染出图。
10. 使用 Photoshop 制作文字效果。

【工作准备】

在进行本项目前，需要巩固以下知识点。

1. 电商产品主图的构图方法。
2. 清新风格配色。
3. 使用生成器制作管状产品。
4. 产品展 UV 的一般步骤。
5. 置换变形器的使用方法。
6. 克隆工具的几种属性。
7. 摄像机的架设技巧。
8. OC 日光和户外 HDR 环境布置。
9. OC 漫射材质和透明玻璃材质制作。
10. 产品后期调色。

如果已经掌握相关知识，可跳过这部分，开始工作实施。

知识点 1　电商产品主图的构图方法

电商主图一般为正方形，产品和文字的摆放力求清晰明显，需要根据产品外形来确定最终的构图方式。

手机、洗面奶、水壶等产品主图，可以选择左右构图方式，如左文右图或左图右文，这样能更好地利用主图空间，清晰地展示产品和文字，如图 1-2 所示。

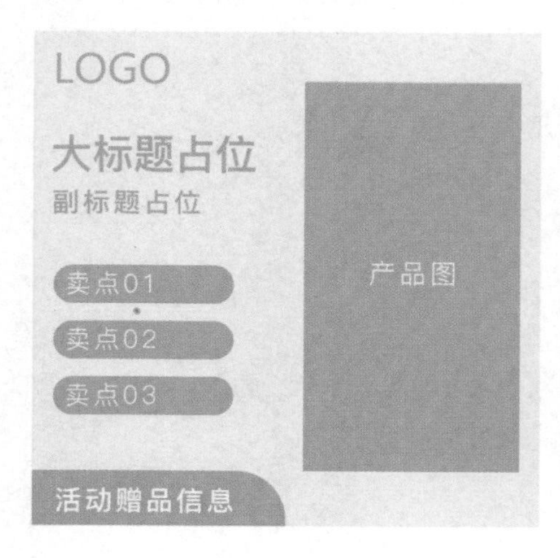

图1-2

同理，如果要设计键盘、面霜等产品主图，就可以选择上下构图方式，如上文下图或上图下文，如图 1-3 所示。

图1-3

知识点 2　清新风格配色

清新风格是一种以自然、简约为特点的审美风格，流行于时尚、生活设计和艺术等领域。它强调恬静、自然的感觉，注重细节和舒适感。清新风格通常表现为柔和的色调、淡雅的色彩搭配、轻盈柔软的材质、简洁清爽的线条，进而营造出一种舒适、宜人的氛围。

在电商产品主图中，可以选择粉色、浅蓝色和淡绿色等作为背景或主题色，营造出清新明亮的感觉，吸引消费者的目光，如图 1-4 所示。

清新风格强调自然和舒适感，因此在产品主图中可以运用自然元素，如蓝天、海水、鲜花、绿植等，以及自然材质，如棉麻、木质等，这些元素和材质能够为主图增添一种自然、纯净的氛围。我们可在自然元素图片中得到这种风格的配色色板，如图 1-5 所示。

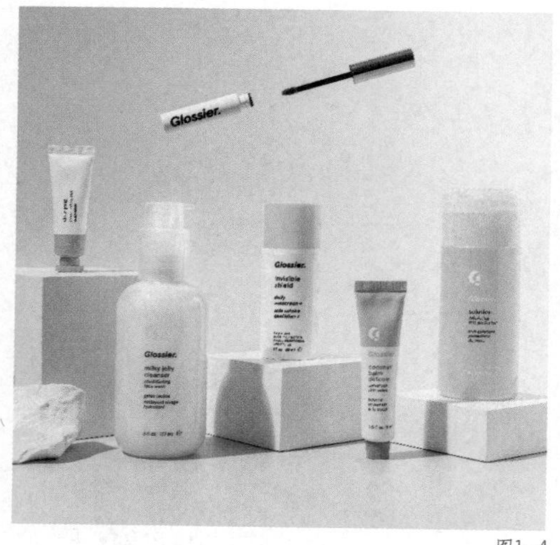

图1-4

图1-5

清新风格注重体现自然的光线和柔和的阴影效果。在电商主图中，可以利用自然光线影响产品，营造出柔和、温暖的氛围，增强产品的吸引力。可以参考摄影作品布置场景的灯光，如图 1-6 所示。

图1-6

知识点 3　使用生成器制作管状产品

C4D 软件中【创建】菜单下的【生成器】中包含了生成器工具组。当使用【放样】生成器时，生成器需要处于样条的父级位置才会发挥作用。这个工具会基于指定的样条曲线创建复杂的几何形状和结构，通过延伸、扭曲、缩放等操作可以生成各种形状，在建模时常用于制作管状产品，比如洗面奶、牙膏、眼霜瓶身等。

放样生成器的使用有两个要点：一是至少要有 2 条样条才能形成模型；二是样条摆放的顺序很重要，需要沿着一个方向创建或者复制，这样才能保证模型表面布线正确。

制作管状产品时，使用【放样】配合【圆环样条】，按照顺序定义好产品的上、中、下横截面形状，这样就能够简单快速地制作出产品的大体外形，如图 1-7 所示。

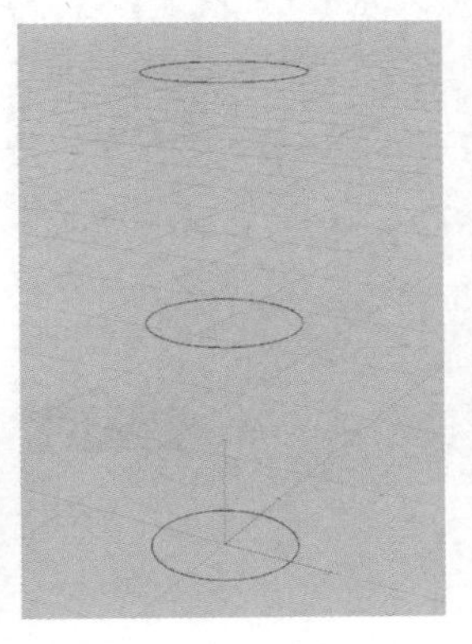

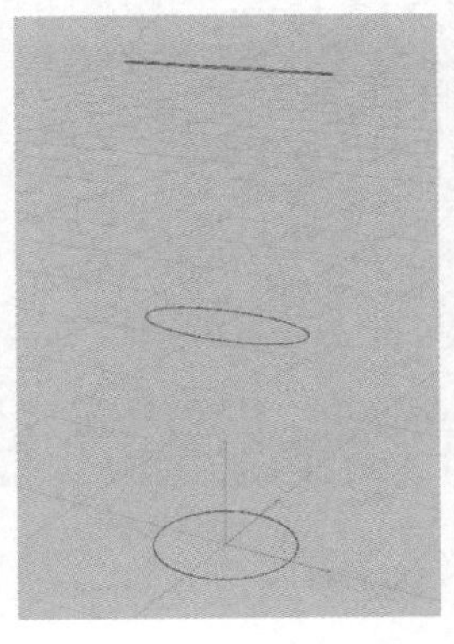
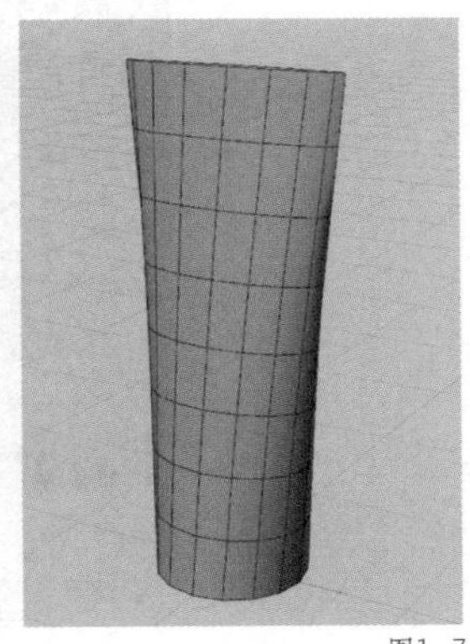

图1-7

如果横截面的样条形状改变，会让整体模型产生变化，比如有些“下面方、上面圆”的面霜瓶子就很适合用这种方式来建模，如图 1-8 所示。

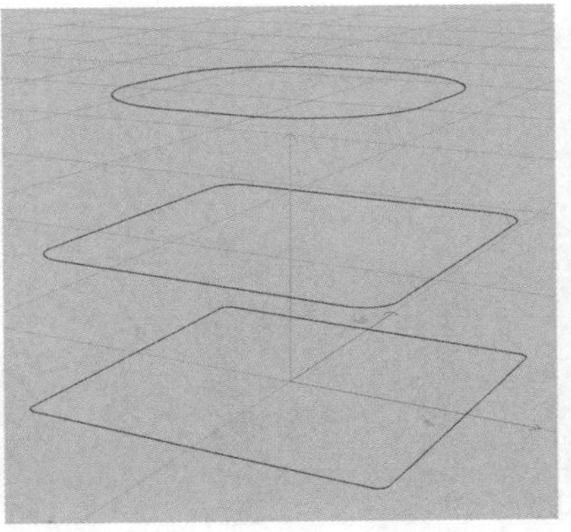

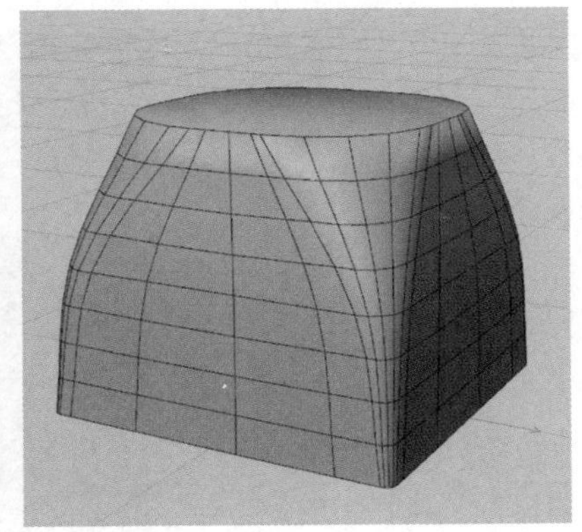

图1-8

知识点 4 产品展 UV 的一般步骤

UV 是贴图影射到模型表面的依据，也就是图片在显示器水平、垂直方向的坐标。

C4D 的 UV 工具用于创建和编辑 3D 模型的 UV 映射（UV Mapping）。UV 映射是指将 2D 纹理映射到 3D 模型表面，使纹理能够正确地贴合在模型的表面，这个过程就是“展 UV”。

在 C4D 中展 UV 非常简单，软件顶部右侧有单独的 UV 界面，单击就会进入如图 1-9 所示的界面。

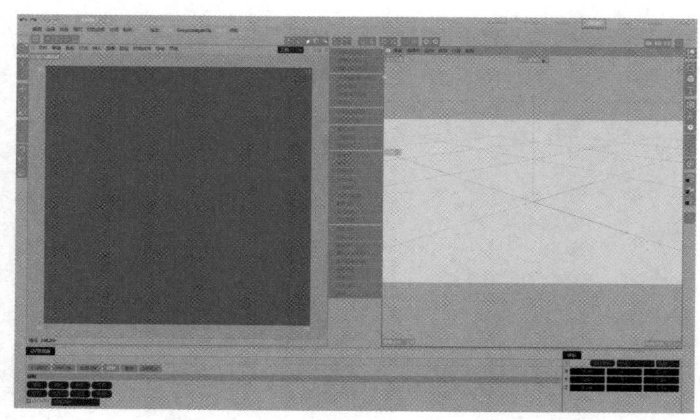

图1-9

给模型展 UV 有 5 个关键要点。

选择模型：选择要进行 UV 映射的模型，可以通过从场景中选择对象或在对象管理器中选择对象来完成。这里以一个【立方体】为例，单击键盘上的【C】键将其转化为可编辑对象，这样才能比较方便地编辑模型的 UV 纹理，如图 1-10 所示。

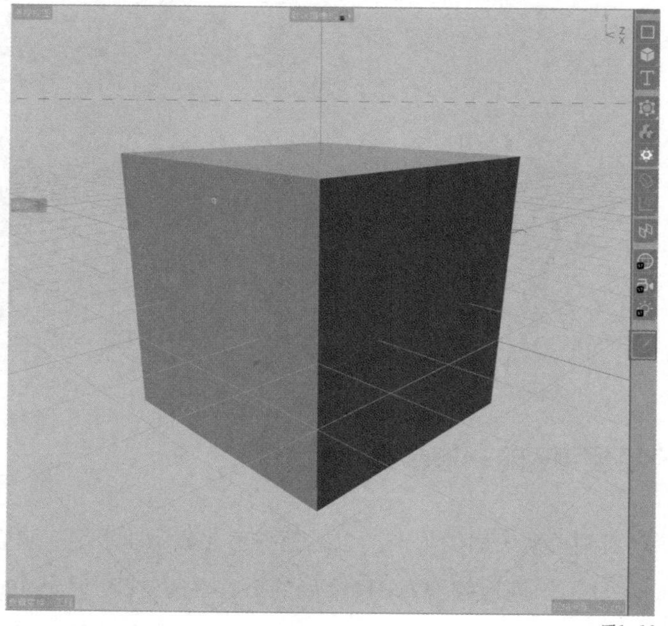

图1-10

展开 UV：进入 UV 模式后，在【UV 管理器】中选择【投射】标签，根据所要展 UV 模型的大体外形，选择合适的投射方式，这里选择【立方 2】，单击后就可以看到立方体各个面像展开的折纸一样平铺在 UV 视窗里面，如图 1-11 所示。

优化 UV 布局：优化 UV 布局可以完善纹理贴图的效果，提高使用效率，这包括最小化纹理失真、减少重叠和间隙等。可以使用平滑工具、缩放工具和剪切工具等来优化调整，像立方体的 UV 模型非常规整，就可省略这步。

创建纹理：完成 UV 布局后，可以为模型创建纹理。使用 C4D 内置的材质编辑器或外部图像编辑软件可以创建纹理，并将其应用到 UV 映射的模型上。

创建步骤是：在【文件】菜单中单击【新建纹理】，创建一个 2048px × 2048px 的纹理，然后在【图层】菜单中单击【创建 UV 网格层】，如图 1-12 所示，这样就能给投射的 UV 纹理描边。

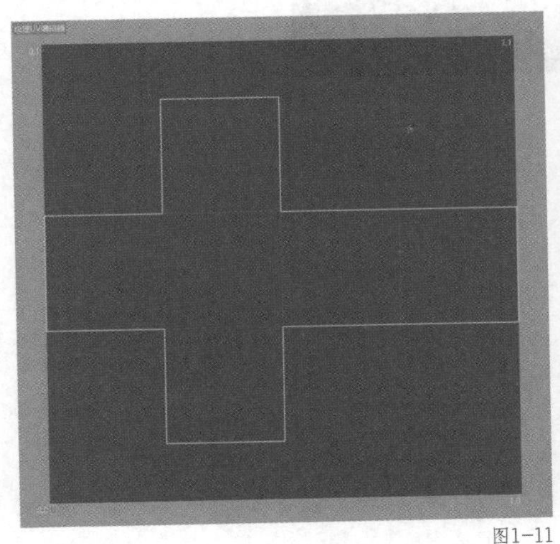

图1-11

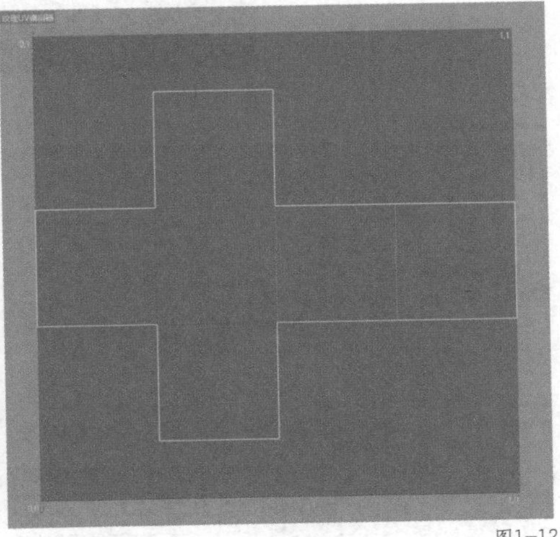

图1-12

单击【文件】菜单中的【保存纹理】，将文件保存为【PSD】格式，接着在 Photoshop 中打开纹理的 PSD 格式文件，就能看到上一步描边的 UV 纹理，其中背景和纹理分在两个图层中。新建文本，可以在各个面圈出的位置标上数字，隐藏背景和线框，并存储为 PSD 格式文件，作为 UV 纹理贴图，如图 1-13 所示。

预览和调整：通过渲染或实时预览器，可以预览模型上的纹理映射效果。如果需要调整效果，可以返回 UV 编辑模式，进一步优化。

预览方法也很简单。在 C4D 中，创建一个【材质球】，在【颜色】通道的【纹理】中置入上一步制作的 PSD 格式的 UV 纹理贴图，就可以看到各个面上被标识了数字，如图 1-14 所示。这样一来，你想在哪个面上绘制图案，就在 PSD 格式文件中编辑，然后加载到 C4D 材质球中即可。

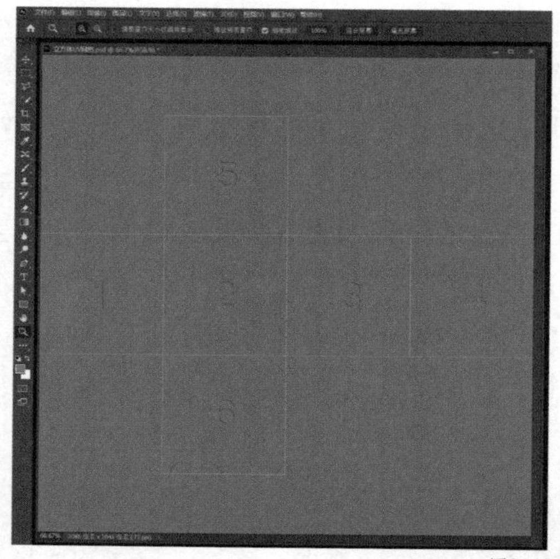

图1-13

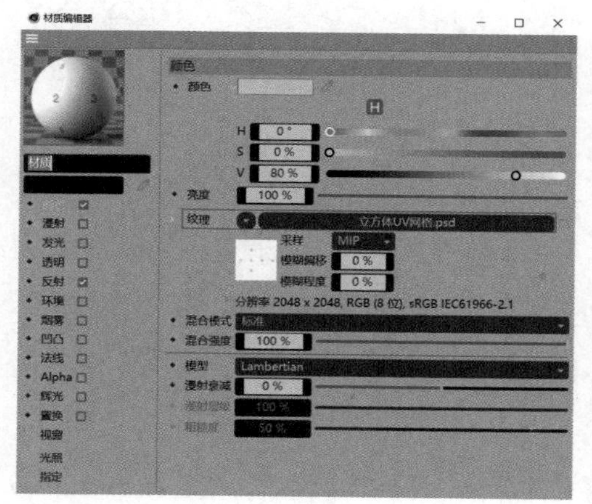

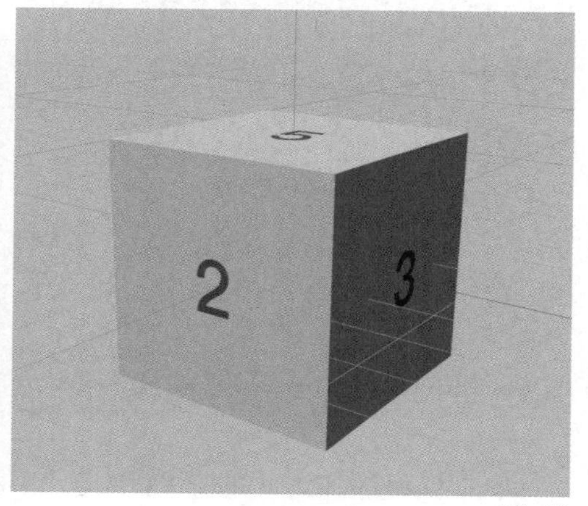

图1-14

知识点 5　置换变形器的使用方法

【置换】变形器是 C4D 变形器工具组中的一个功能强大的工具，用于在模型表面创建细节和形状的变化。【置换】变形器通过使用纹理或高度图来调整模型的几何形状，从而实现丰富的细节，它位于 C4D【创建】菜单的【生成器】子菜单中，创建后作用在模型的子级来改变模型的表面。我们通常使用它配合【噪波】贴图来制作水面、地面、岩石等起伏不平的表面。

使用【置换】变形器需要合适的模型分辨率和贴图纹理质量，因为较低的模型分辨率可能无法显示出明显的置换效果。此外，过多的细节和复杂的置换纹理可能会增加渲染时间和计算资源的消耗。

下面使用【置换】变形器来制作一个水面。

在C4D右侧工具栏中长按立方体图标，在展开的菜单中单击【平面】，创建【宽度】和【高度】都是400cm的平面，设【方向】为+Y，将【宽度分段】和【高度分段】增加到30，这样可以让平面的模型精度提高，置换效果更明显，如图1-15所示。

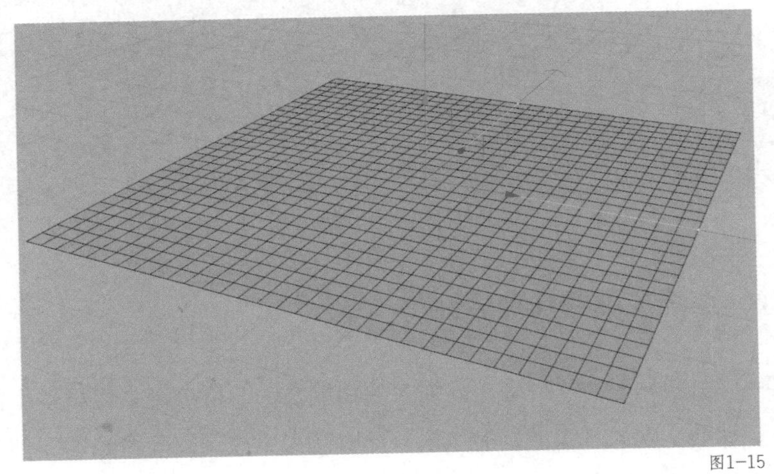

图1-15

在【平面】的子级创建一个【置换】变形器，在【属性】面板的【着色器】中添加【噪波】贴图，就可以看到平面根据噪波生成的黑白信息产生了上下起伏的效果，如图1-16所示。

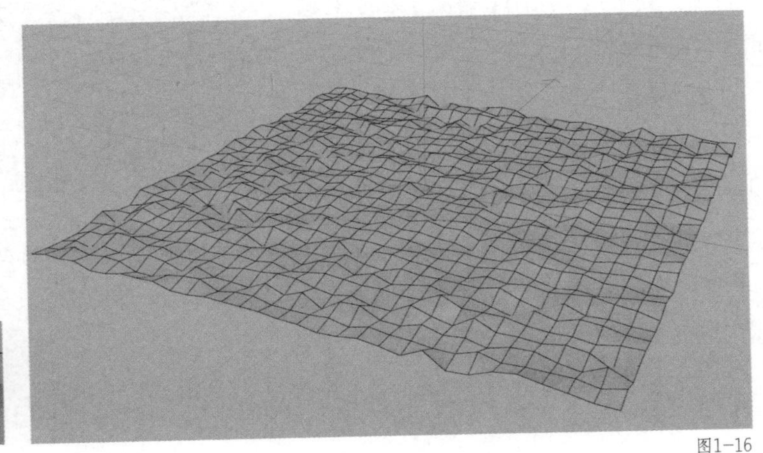

图1-16

在【平面】的父级位置创建一个【细分曲面】生成器，起伏的平面就变得非常平滑了，如图 1-17 所示，水面就做好了。

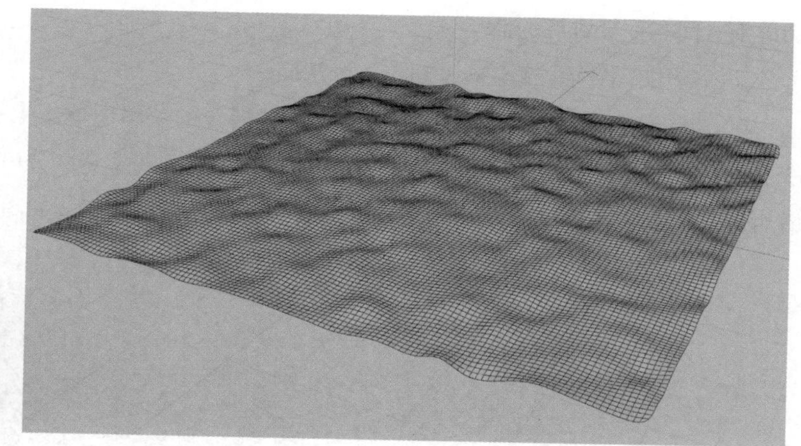

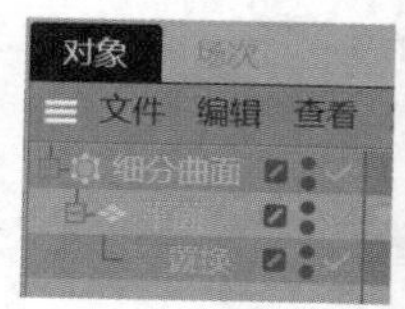

图1-17

知识点 6　克隆工具的几种属性

【克隆】生成器是 C4D 中重要且强大的功能之一，可以用来在场景中快速复制和分布对象，从而实现大规模的复制效果，同时还可以控制克隆对象的属性和变化。合理利用克隆工具，可以大大节省计算资源，加快渲染速度。这个工具位于【运动图形】菜单，单击【克隆】即可创建。

【克隆】属性中包含 5 种模式，分别是【线性】【放射】【网格】【蜂窝】和【对象】，如图 1-18 所示。

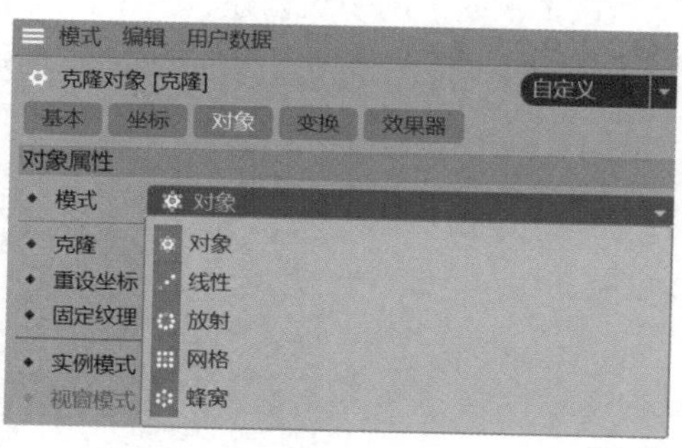

图1-18

线性模式是把【克隆】子级的模型按照一个方向复制出指定的数量；放射模式是把【克隆】子级的模型按照环形样式复制出指定的数量；网格模式是把【克隆】子级的模型按照指定 X、Y 和 Z 轴的数量复制出网格形状；蜂窝模式是把【克隆】子级的模型按照横竖交错的蜂窝形式复制出蜂窝形状，如图 1-19 所示。

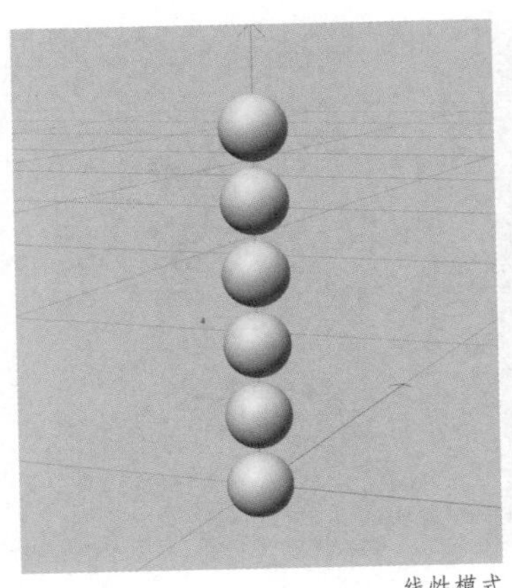

线性模式

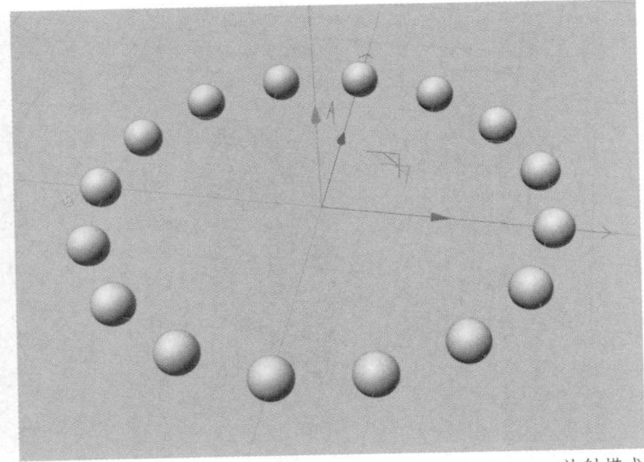

放射模式

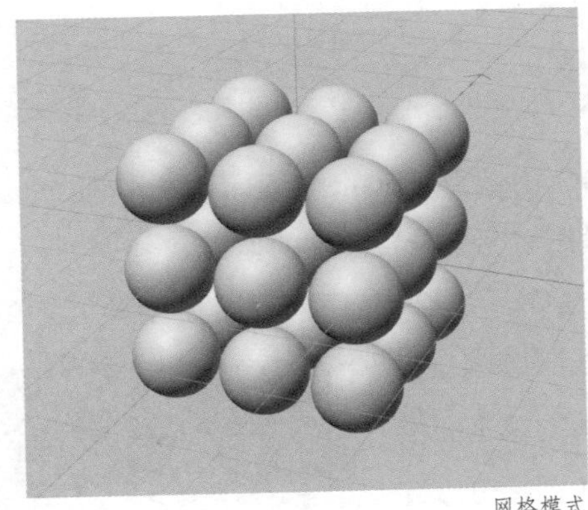

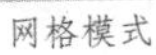

网格模式

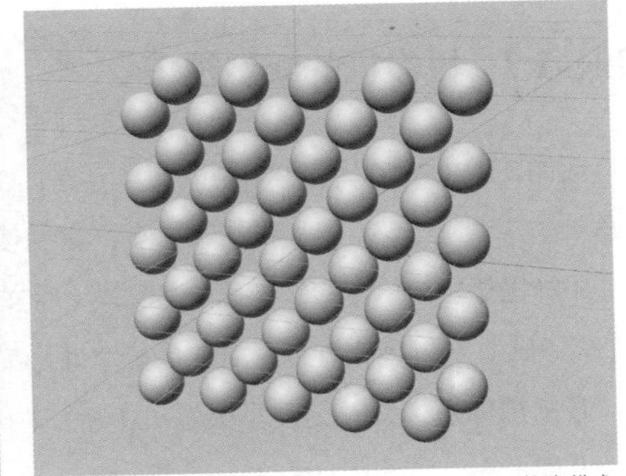

蜂窝模式

图1-19

对象模式是把【克隆】子级的模型复制到模型上面；分布模式有【顶点】【多边形中心】【表面】和【体积】，大致复制位置如图 1-20 所示。

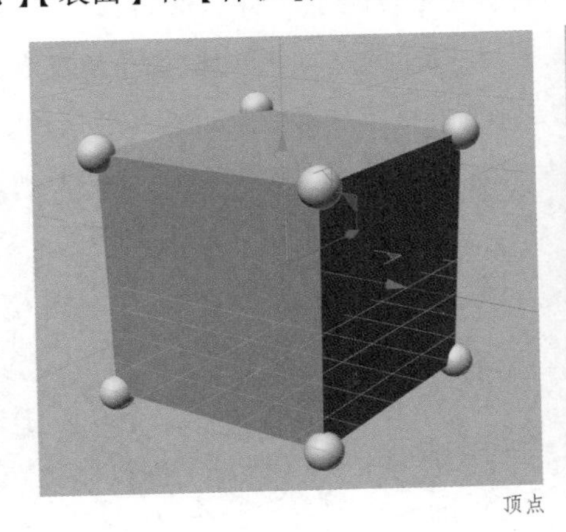

顶点

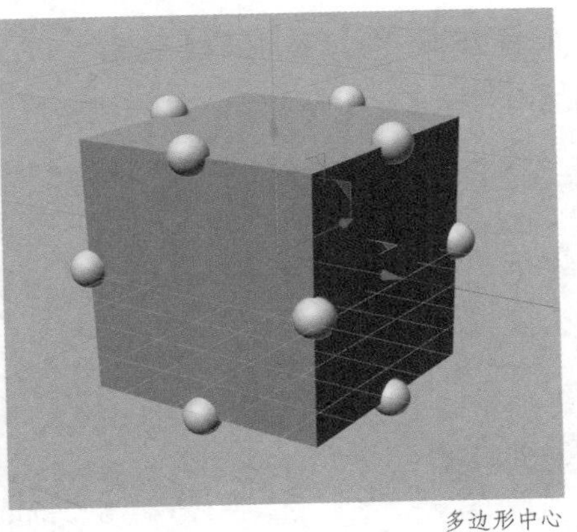

多边形中心

图1-20

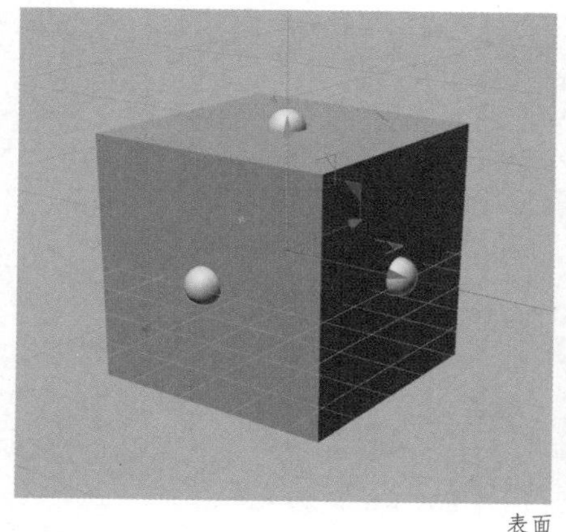

表面

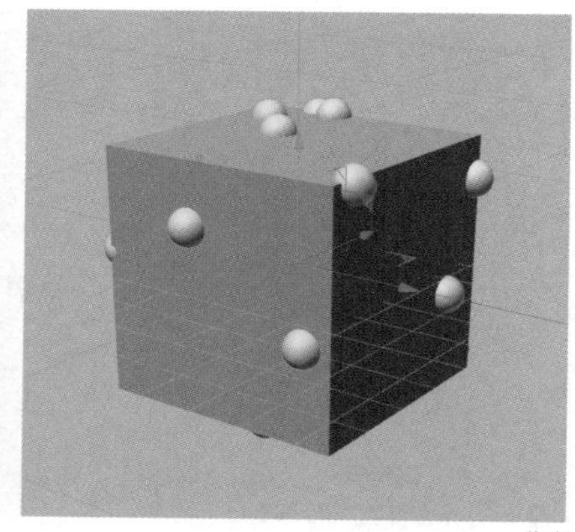

体积

图1-20（续）

知识点7　摄像机的架设技巧

摄像机是C4D中辅助构图的重要工具，OC渲染器（Octane Render）中也有【Octane摄像机】工具，位于【对象】菜单中，它的使用有几个需要注意的地方。

添加摄像机：单击OC实时预览窗口（后文简称为“OC视窗”）顶部的【对象】菜单中的【摄像机】，就能够为场景添加OC摄像机（OctaneCamera）。

开启摄像机标签：创建【摄像机】后，在【对象】面板中会出现带有红色相机图标的摄像机对象，红色图标旁边有个相机焦点图标，单击它会变亮，如图1-21所示。这样视窗中的画面就会进入摄像机视角，通过切换视角可以方便地编辑画面。

图1-21

摄像机焦距：【摄像机】中最重要的参数就是【焦距】，可以看到它的下拉菜单中有很多选项，默认数值是【经典（35毫米）】。数值越小，摄像机视角越宽广，可容纳的内容越多；数值越大，摄像机越聚焦，画面的细节越清晰，如图1-22所示。

超宽（15毫米）

经典（35毫米）

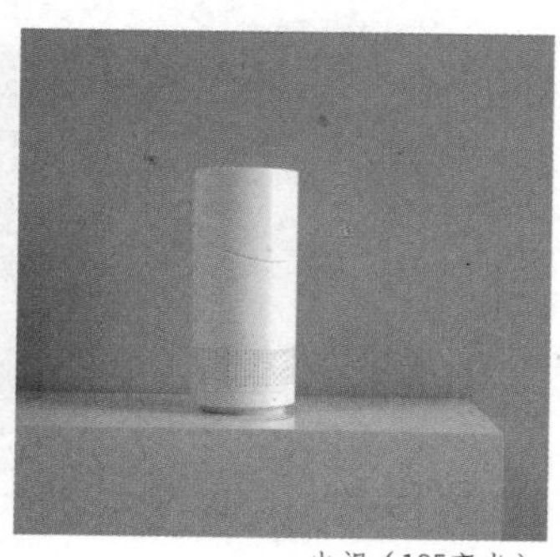

电视（135毫米）

图1-22

知识点 8　OC 日光和户外 HDR 环境布置

OC 日光（OctaneDayLight）是一个模拟真实日光的工具，它位于 OC 视窗【对象】菜单的【灯光】里面。单击【日光】就创建了一个新的日光对象，【对象】面板就会出现相应的日光对象，它的后方带有两个太阳图标：黄色太阳图标是日光标签，单击它之后可以设置日光的相关属性，如太阳强度、太阳大小、天空颜色等，调节也比较灵活；白色太阳图标是太阳表达式，单击它之后能够看到其属性是根据实际日期和时间来模拟真实的太阳强度和颜色，调节起来非常便捷，但可自定义范围不大，如图 1-23 所示。你可以根据画面需要来选择使用哪种方式调节日光状态。

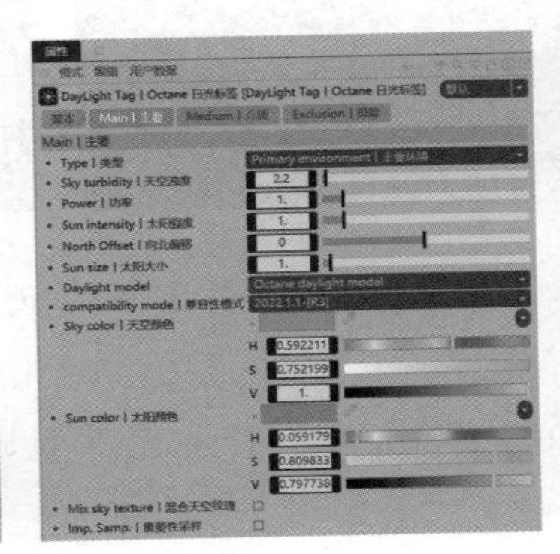

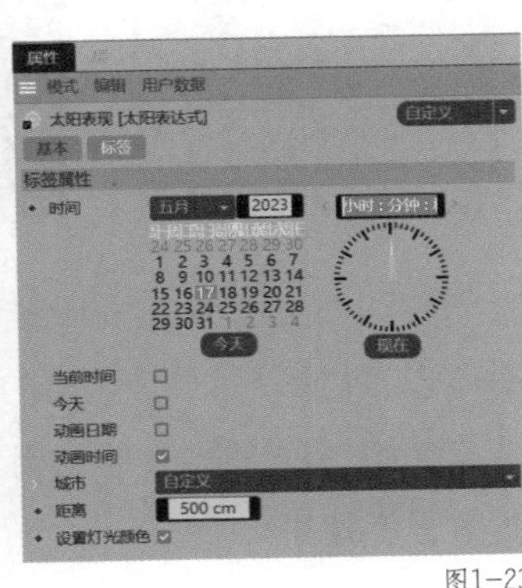

图1-23

当场景中有反射材质时，HDR 环境布置是非常重要的，这个外部环境可以为反射材质提供反射素材和真实反射光源。单击 OC 视窗【对象】菜单中的【HDRi 环境】，就创建了 HDR 环境。在【属性】面板的【纹理】通道加载【图像纹理】节点，在节点中置入一张 HDRi 贴图，场景中的外部环境就出现了。可以根据需要添加室内 HDR 贴图、户外 HDR 贴图或影棚 HDR 贴图等，如图 1-24 所示。

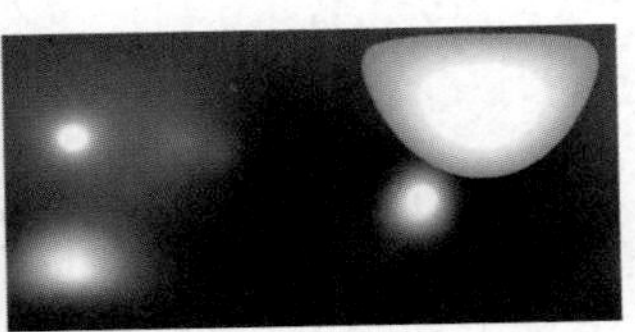

图1-24

知识点 9　OC 漫射材质和透明玻璃材质制作

OC 材质球种类有很多，最常用的就是【漫射材质】，它位于 OC 视窗【材质】菜单的【创建】下拉菜单中，一般在制作缺乏反射效果的布料、石膏等粗糙的表面时使用，如图 1-25 所示。发光材质球也是通过给【漫射】材质开启【发光】通道来实现的。

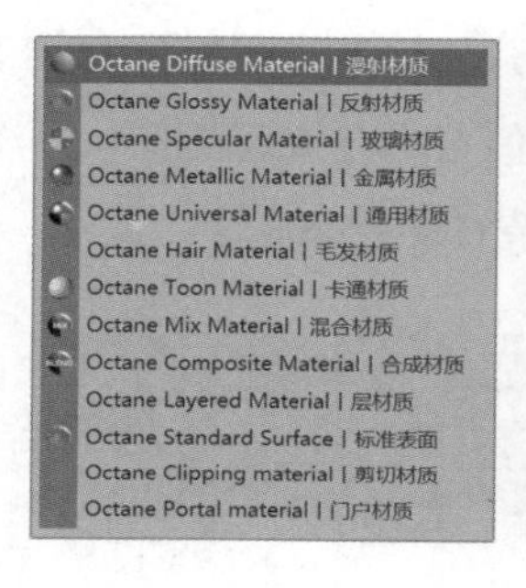

图1-25

创建透明材质的方法非常简单，单击【材质】菜单的【创建】下拉菜单中的【玻璃材质】，就能创建一个透明的材质球了，我们一般用它来制作玻璃、水面、牛奶、钻石等，如图 1-26 所示。通过调节【索引】通道的折射率便可以实现透明材质内部不同的折射强度效果。

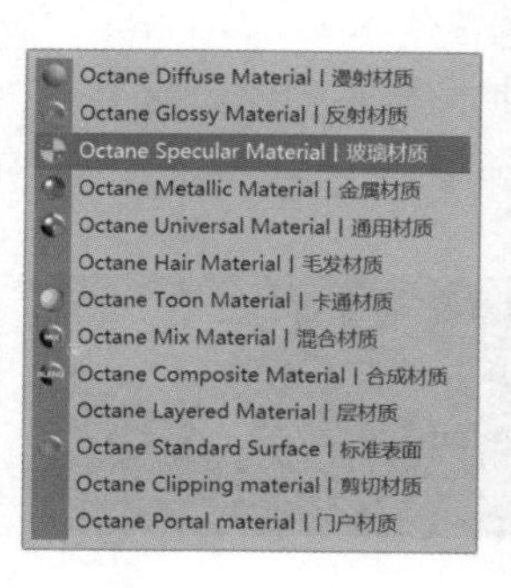

图1-26

在设计中，常用的折射率参考值见表 1-1。

表 1-1　常用的折射率

物质名称	折 射 率
水	1.333
乙醇	1.361
橄榄油	1.467
重火石玻璃	1.650
水晶	2.000
钻石	2.417

知识点 10　产品后期调色

OC 渲染器渲染出来的画面普遍偏灰，为了得到更好的画面效果，我们需要使用 Photoshop 进行后期处理，调整主要关注三个方面。

明暗关系：画面明暗关系可以通过很多方式来调节，比较便捷和直观的方式是选择【曲线】工具，它位于 Photoshop【图像】菜单的【调整】子菜单中。单击【曲线】即可调出曲线调整面板，面板右上方代表亮部，左下方代表暗部，我们可根据画面的明暗关系在相应位置添加节点来快速调节，如图 1-27 所示。

图1-27

颜色关系：要解决画面偏灰的问题，可以使用【自然饱和度】工具，它也位于 Photoshop【图像】菜单的【调整】子菜单中。单击【自然饱和度】即可调出它的调整面板，在这里增加饱和度，使画面更为柔和，在不会破坏画面整体氛围的前提下使画面更加鲜艳和生动，如图 1-28 所示。

图1-28

画面清晰度：【滤镜】菜单中的【锐化】工具可以有效地提升画面清晰度，适当提高一点锐化数值，可以让画面边缘犀利清晰，如图 1-29 所示。

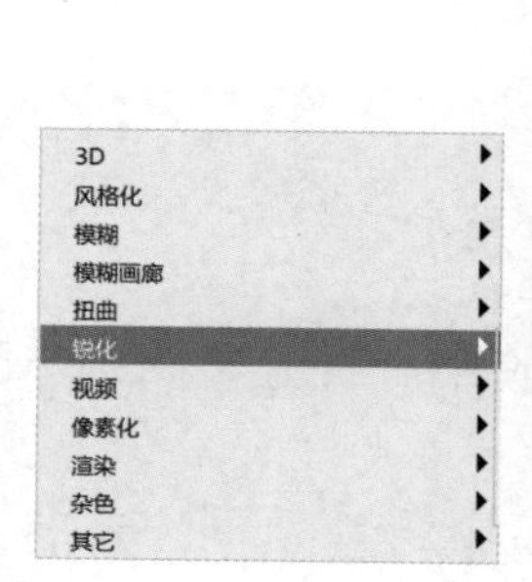

图1-29

【工作实施和交付】

首先根据需求文档，确定实施步骤。根据产品类型和文字信息确定产品主图的大体构图，然后创建产品模型，尽量完整、真实地还原产品颜色、材质和外形比例，再给产品搭建一个清新风格配色的画面环境氛围，整体渲染调色后再增加文字信息，最终交付合格的图片。

确定构图和配色

根据手头的资料情况，长条形的护手霜主图很适合左右构图，所以在这里可以选择左文右图的形式来构建主图画面，如图 1-30 所示。

由于产品表现力离不开水润的感觉，因此整体配色以蓝色为主，为了让主图更为“吸睛”，可以搭配时尚的紫色和黄色等，如图 1-31 所示。

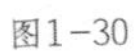
图1-30

图1-31

根据参考图建立产品模型

打开 C4D，按【F4】键打开四视图，把三张参考图分别拉入【顶视图】【侧视图】和【正视图】中变成背景，作为建模比例参考，背景图片不会显示在透视视图中。需要在【属性】面板中【模式】下的【视图设置】窗口中，单击【背景】标签页，通过【水平偏移】和【垂直偏移】来调节背景参考图的位置，使它们与世界坐标对齐，尺寸和透明度也是在这里调整，如图 1-32 所示。

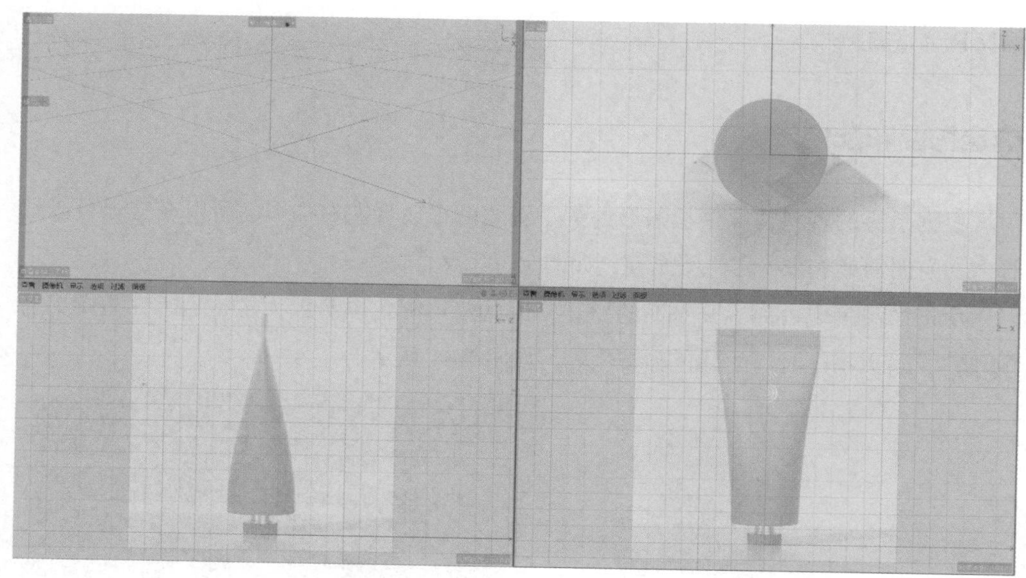

图1-32

创建几个【圆环】样条，【半径】为20cm，【平面】为XZ，【点差值方式】为统一，【数量】为8，然后不断向上复制，并在侧视图中根据产品管身的位置进行单轴缩放，再在这些圆环的父级位置创建【放样】生成器，此时可以直观地看到管身一点一点地向上生成，如图1-33所示。

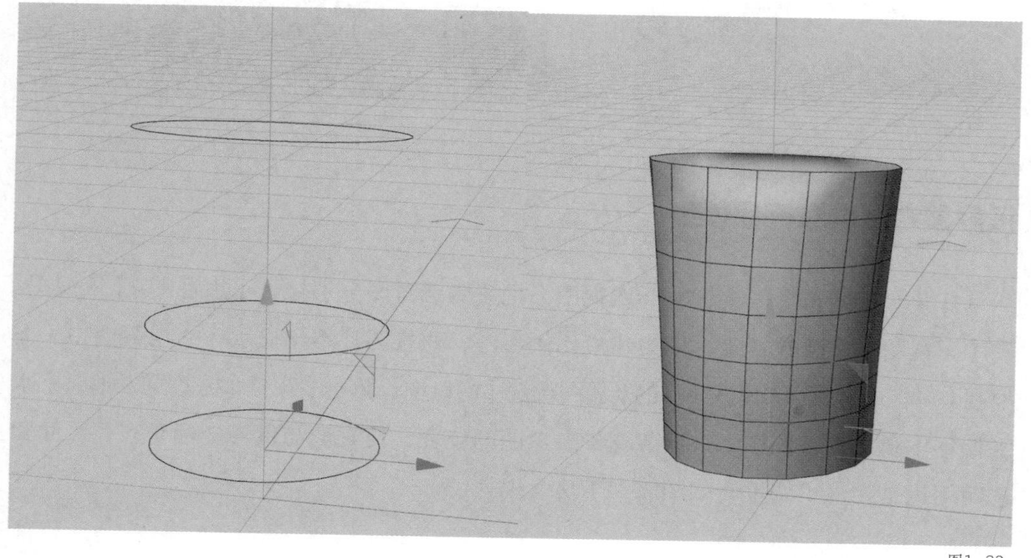

图1-33

不断向上复制时要注意，由于管身顶端封口处比较薄，所以要把圆环收缩到很窄，圆环复制需要沿着一个方向顺序排列，如图 1-34 所示。

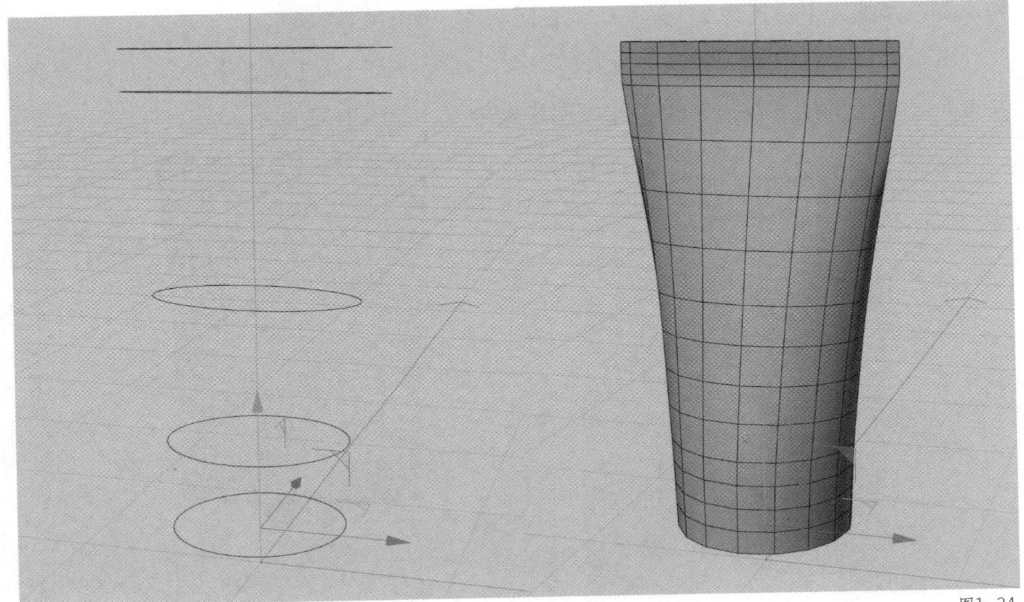

图1-34

为了让模型结构更精致，要在转折处多增加一个【圆环】样条，使转折更为硬挺，同时检查【圆环】排列和【放样】子级的圆环排列顺序是否一致，确保模型表面布线均匀，如图 1-35 所示。

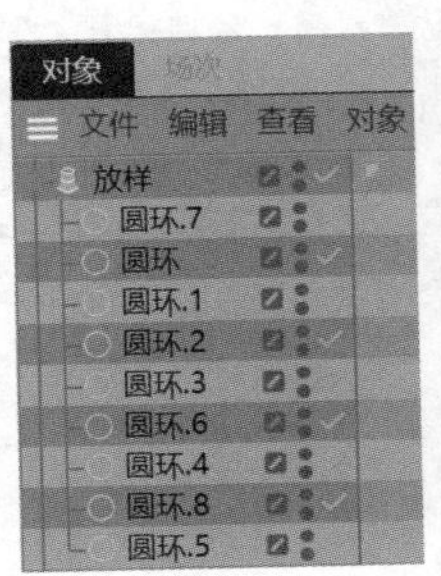

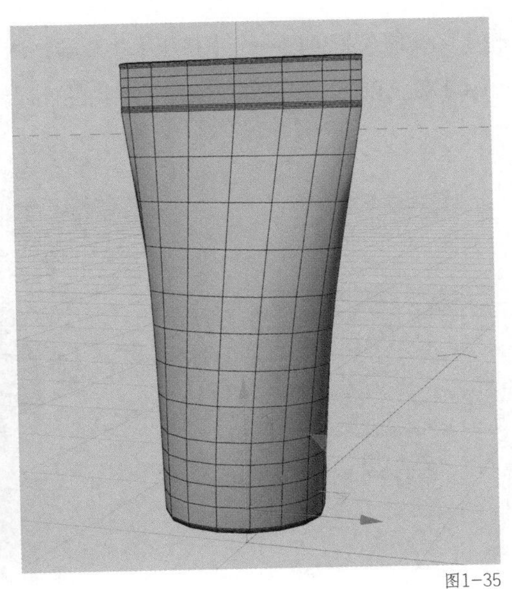

图1-35

在【放样】的父级位置也可以增加一个【细分曲面】生成器，将其属性【视窗细分】和【渲染器细分】设置为2，提高模型表面精度，如图1-36所示。

由于管口处在内部，所以不用太过细致，直接创建一个【圆柱】对象，将【半径】设为6.4cm，【高度】设为9.6cm，【方向】设为Y，如图1-37所示。

图1-36

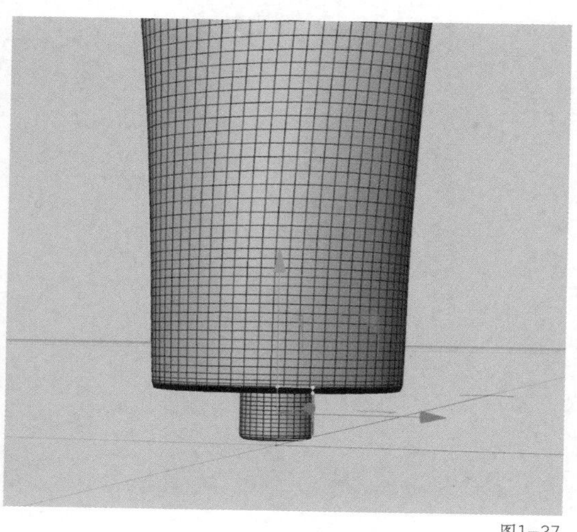

图1-37

接着制作瓶盖的防滑纹。首先创建一个【齿轮】对象，将属性中的【齿】设为25，【根半径】设为9.8cm，【附加半径】设为10.8cm，其他根据参考图调整贴合，如图1-38所示。

在【齿轮】的父级位置创建一个【挤压】生成器，调整【方向】为Y，【偏移】为6cm，把齿轮挤压出厚度来，和管口连接好，这样护手霜的外形就制作好了，如图1-39所示。

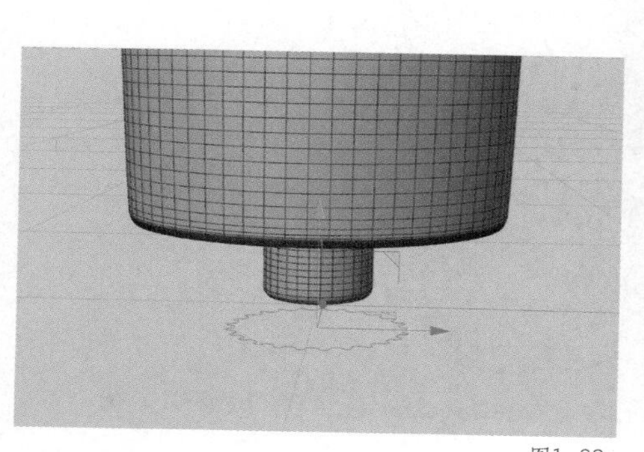

图1-38

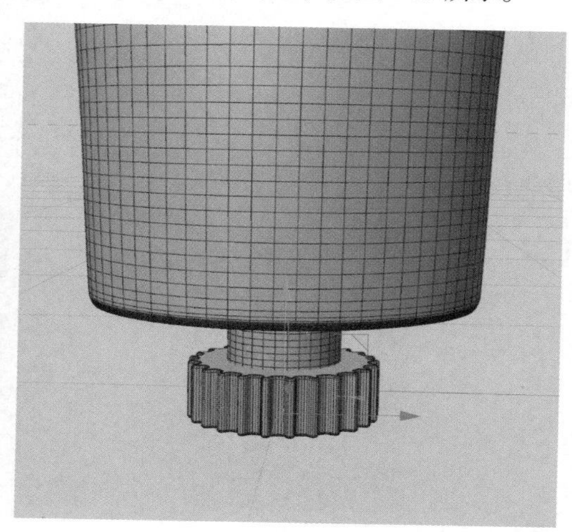

图1-39

给模型展 UV

护手霜管身部分会有文字和 LOGO 等包装信息，所以制作好模型后还有一个重要步骤，就是分 UV，为后面制作材质贴图做好准备。

首先在【对象】面板找到管身的【放样】对象，单击鼠标右键，选择菜单中的【当前状态转对象】，复制出一个低精度管身模型，如图 1-40 所示。

单击【UVEdit】进入 C4D 的 UV 模式，在【UV 管理器】的【投射】模式中选择【前沿】，就能够看到管身的线框已经出现在 UV 视窗中，如图 1-41 所示。

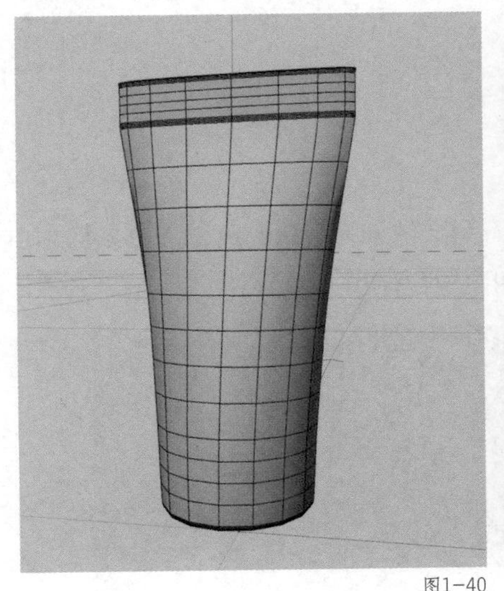

图1-40

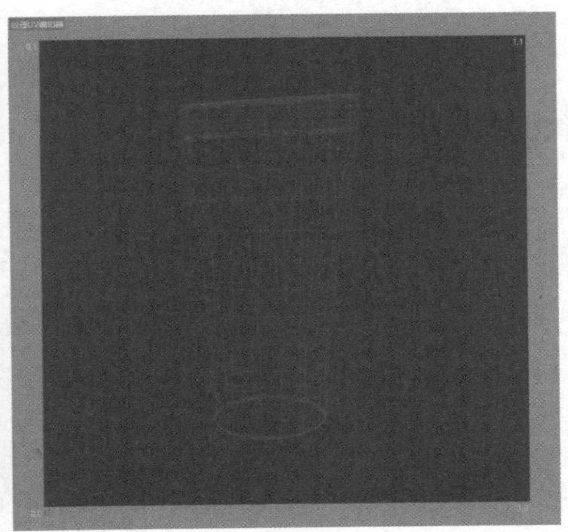

图1-41

接下来就要把管身展开铺平，此时预设的几种投射方式不能满足这个模型的展开需要，因此要手动裁开。在透视视图中选中管身模型，进入【边】模式，使用【选择】菜单中的【路径选择】工具，沿着管身边缘的各个转折选出一圈边，定义出裁切位置，如图 1-42 所示。

在【UV 管理器】中切换到【松弛 UV】标签页，勾选【沿所选边切割】和【自动重新排列】，模式设为【LSCM】，之后单击【应用】，就能看到 UV 视窗中的管身按照所选的边被切割开，每个面都平铺在了画布中，这时低模管身就分好了 UV，如图 1-43 所示。可以把它替换到【对象】面板【细分曲面】子级的【放样】对象备用。

图1-42

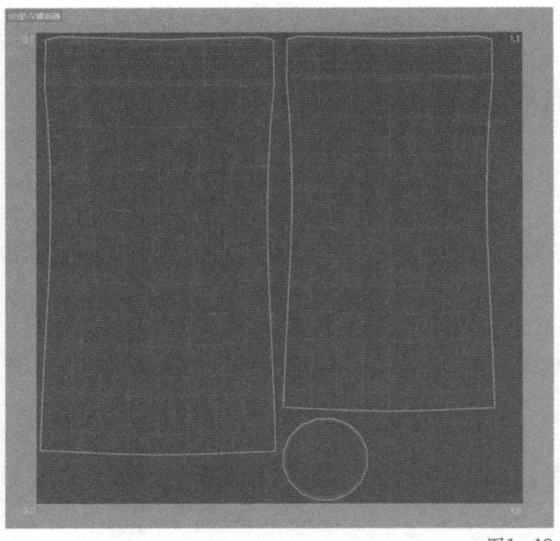

图1-43

根据参考图制作 UV 贴图

在 Photoshop 中打开 UV 纹理文件，就能够看到文件分为两层：灰色的背景层和白色的 UV 网格层，如图 1-44 所示，这是为了给图案定位使用。

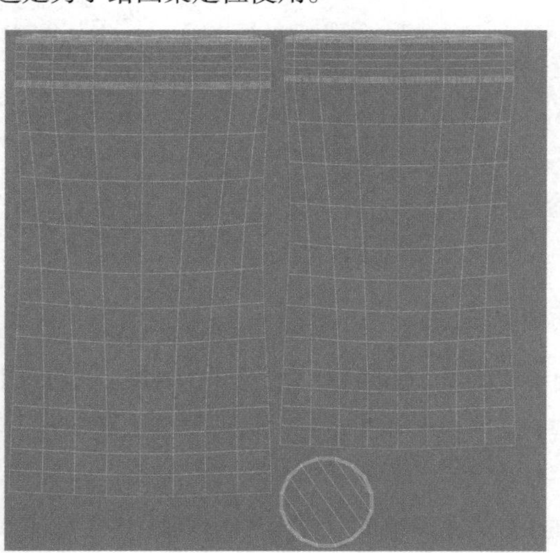

图1-44

新建一个图层，按照网格层每个面的中线位置把 LOGO 和文字制作出来，并拖放到相应位置，如图 1-45 所示。

在管身顶端的封口处，有一圈防滑纹理，可以使用贴图的方式创建出来。使用【矩形】工具画一个小长方体，然后沿着封口位置不断复制出一排，这个地方可以做出凹凸贴图，如图 1-46 所示。但注意封口的纹理不会凸出来特别多，所以可以适当降低防滑纹理的明度，使纹理不要太过明显。

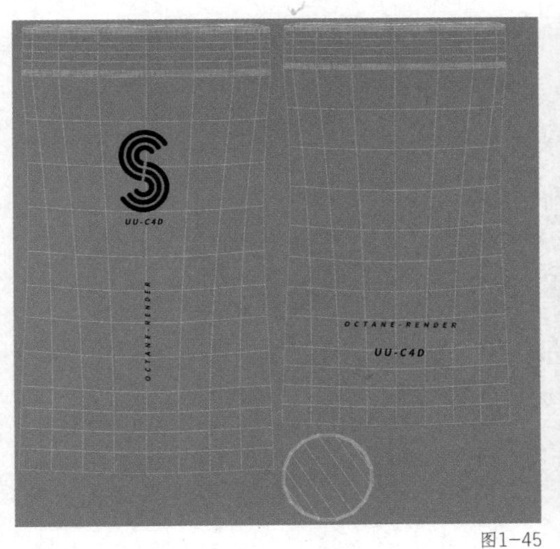

图1-45

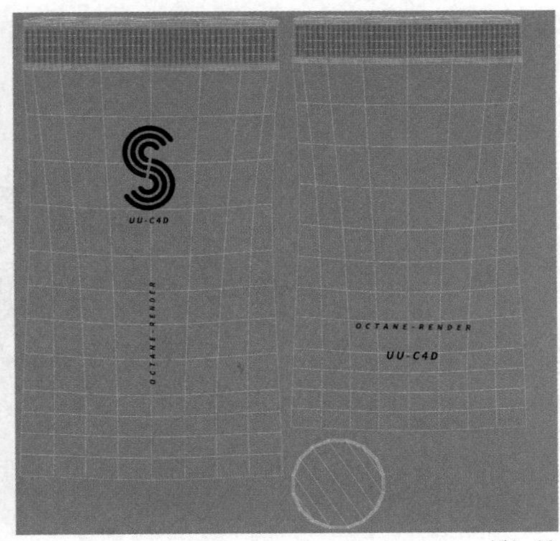

图1-46

对好位置后就可以保存成贴图了：一张带有文字和 LOGO 的 PNG 格式透明图，以及一张白底黑字且带有防滑纹理的凹凸 JPG 贴图，如图 1-47 所示。

图1-47

使用变形器搭建水面场景

接下来为场景搭建水面。创建【平面】对象，将【宽度】和【高度】都设为500cm，【宽度分段】和【高度分段】增加到100。平面的分段越多，变形时越平滑，如图1-48所示。

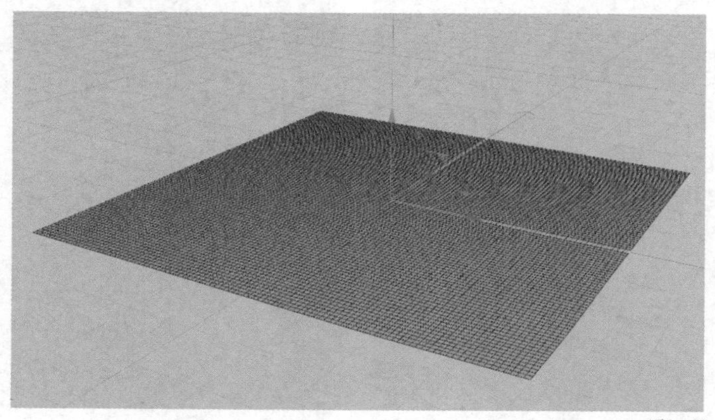

图1-48

在【平面】的子级位置添加【置换】变形器，在【着色器】中添加【噪波】贴图，使平面产生起伏效果，如图1-49所示。

同样在【平面】的子级位置添加【公式】变形器，修改公式为Sin((u+t)*2.0*PI)*0.06，使平面产生圆圈涟漪纹理，如图1-50所示。

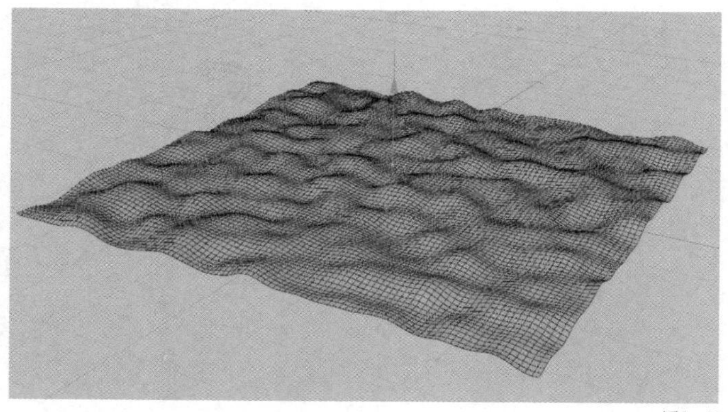

图1-49

在公式属性【域】中添加【球体域】，挪动域位置控制涟漪范围，如图1-51所示。

为了增加水面效果，在【平面】的子级位置复制一个【公式变形器】，并调整位置，让水面产生两个交错的涟漪，如图1-52所示。

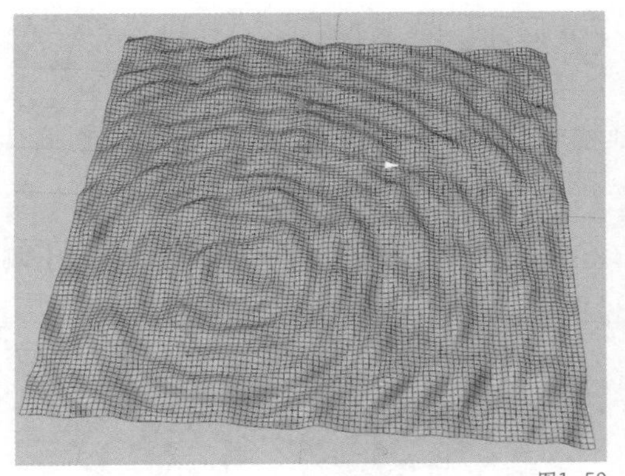

图1-50

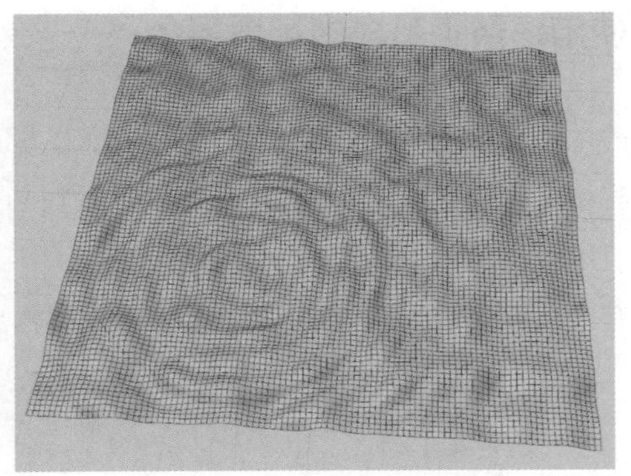

图1-51

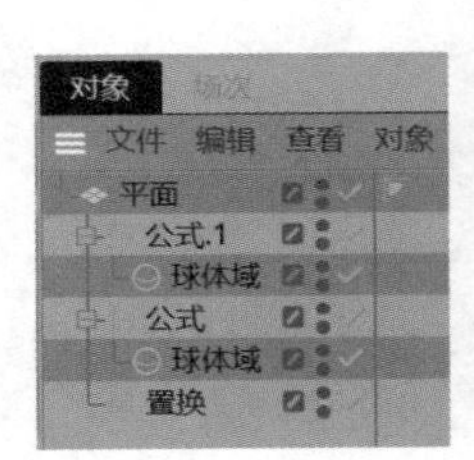

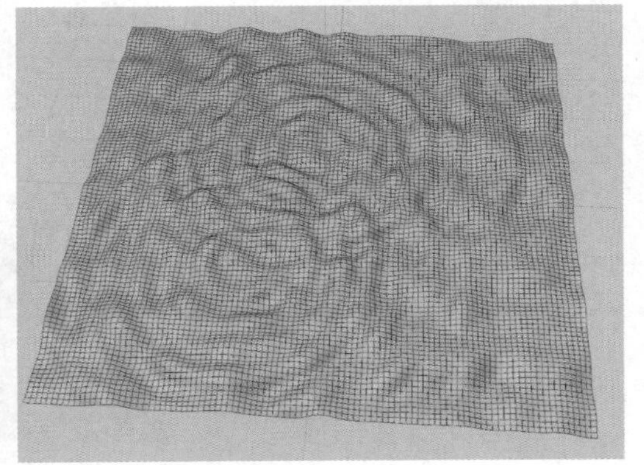

图1-52

为了渲染效果更为真实，复制一套水面的【平面】置于下方，做出上下两层的效果，如图 1-53 所示。

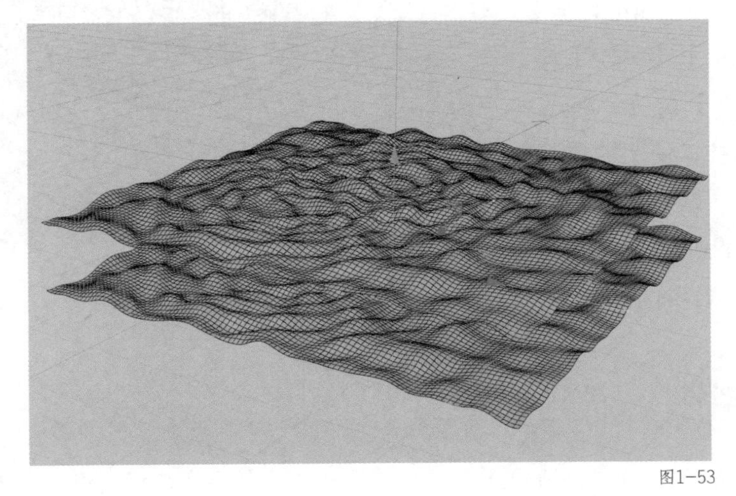

图1-53

使用样条画笔搭建场景展台

为了放置产品，我们考虑在水面上方创建一个不规则的弧形展台。使用左侧工具栏中的【样条画笔】，在【顶视图】中勾画一个封闭的弧形样条，如图 1-54 所示。

在【对象】面板中，在绘制出的弧形样条的父级位置添加【挤压】变形器，将【偏移】的厚度设置成 68cm，弧形展台就制作出来了，如图 1-55 所示。

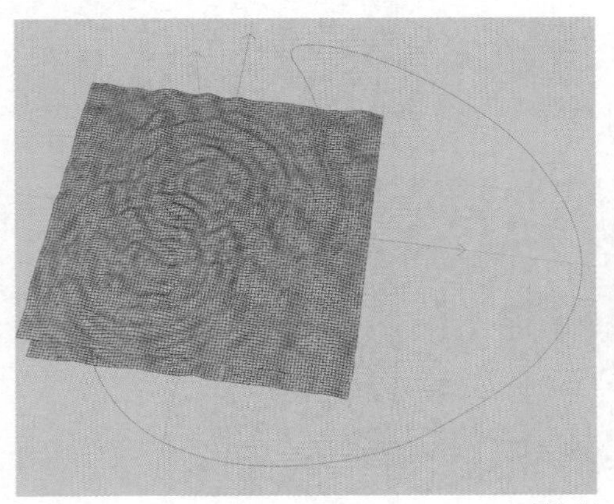

图1-54

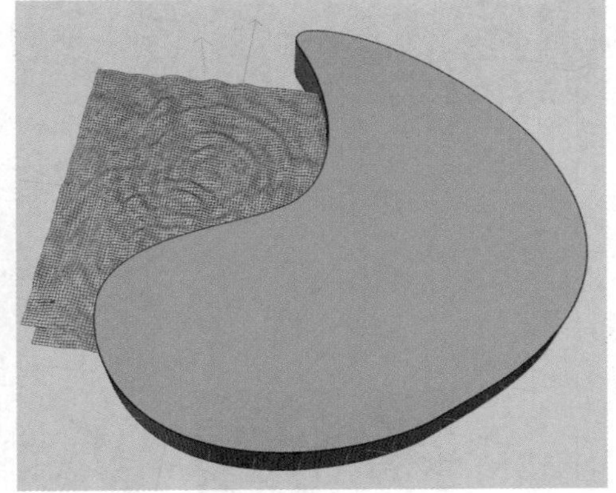

图1-55

之后在展台上面再放两个小圆台。创建【圆柱】对象，设置圆柱【半径】为 94cm，【高度】为 6.4cm，增加【旋转分段】为 112，在【封顶】中勾选【圆角】,【分段】设为 3,【半径】设为 0.8cm。复制这个圆柱，使用缩放工具将其缩小，摆放在弧形展台的上方，凸出一些悬在水面之上，如图 1-56 所示。

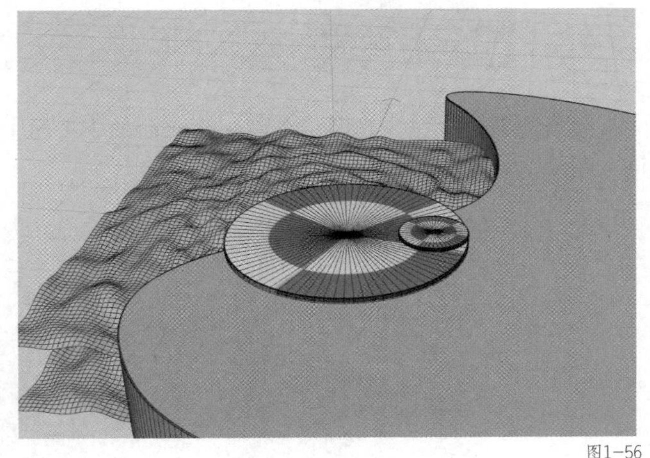

图1-56

添加水珠细节

把护手霜模型放置在圆形展台上方，在画面上方的垂直位置创建【摄像机】，构思好画面构图，如图 1-57 所示。

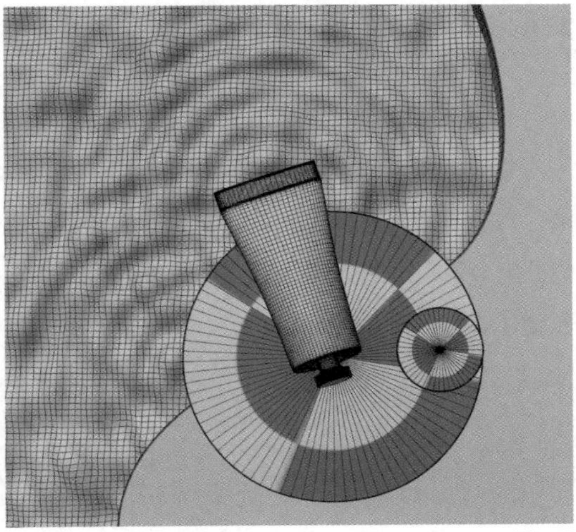

图1-57

创建一个【球体】对象作为水珠，将【半径】设为 1.2cm，在它的父级位置创建【克隆】生成器，将【模式】设为【对象】，在【对象】属性中把【对象】面板的管身模型直接拖入【对象】后的对话框，将【分布】模式设为【表面】，【数量】可以根据模型大小调整，这样小球就被克隆到管身表面了，如图 1-58 所示。

为了让水珠更为真实，可以在【克隆】的父级位置创建一个【融球】生成器，将【融球】属性的【外壳数值】设置为 129%，【视窗细分】和【渲染细分】都设为 1cm，使得相近的水珠之间有着微弱的融合效果，如图 1-59 所示。再在【融球】的父级位置创建【布料曲面】，将【厚度】设置为 0.2cm，这样就给每个水滴增加了厚度，渲染效果更真实。

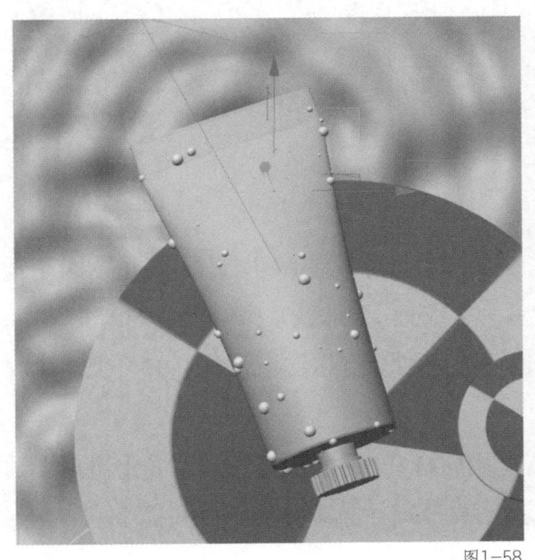

图1-58

图1-59

如果想将水滴效果同样应用在展台上，再复制一组克隆对象，把对象替换成【圆柱】即可。

使用 OC 日光和 HDR 给场景布光

打开 OC 渲染器，先进行渲染设置。

创建【Octane 环境标签】，在【纹理】位置添加一张户外 HDRi 贴图，模拟蓝天效果，如图 1-60 所示。创建【Octane 日光标签】，调整【向北偏移】为 0.7,【太阳强度】为 0.3，将【太阳大小】设为 9.9，勾选【混合天空纹理】，这样画面环境就会更丰富，如图 1-61 所示。

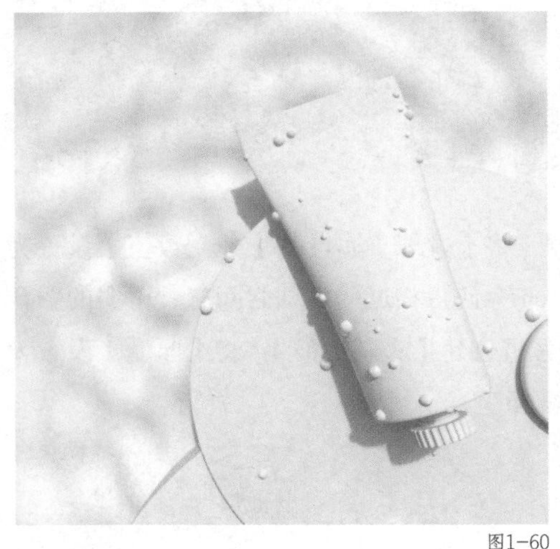

图1-60

图1-61

添加 OC 材质，并渲染出图

接下来创建【Octane 玻璃材质】。双击材质球打开【材质编辑器】，将【索引】通道的数值设置为 1.333，将【传输】通道设置为【纹理】，加载一张蓝紫色的渐变贴图，让水面的颜色更为多彩。为【粗糙度】通道适当增加一点粗糙值，如 0.02，把这个材质赋予水面对象。

再创建一个【Octane 漫射材质】，双击材质球打开【材质编辑器】，在【漫射】通道的【纹理】位置加载一张水纹贴图，把这个材质赋予透明水面下方一层的平面上，做出水面波纹效果，如图 1-62 所示。

复制一个【Octane 玻璃材质】，去掉【传输】颜色，把这个透明材质赋予圆形展台和水珠，如图 1-63 所示。

图1-62

图1-63

接下来给产品制作材质球。首先创建一个【Octane 金属材质】，打开【材质编辑器】，将【镜面】通道颜色更改为浅橘黄色，使金属变成暖色的，把它赋予瓶口位置。

再创建一个【Octane 反射材质】，根据参考图调节一下【漫射】通道的颜色，做成深蓝色材质，赋予瓶盖位置。

复制一个反射材质，把【漫射】的颜色改成灰白色，消除【纹理】贴图，把这个材质赋予弧形展台。

再次复制一个反射材质球，在【纹理】位置替换成渐变节点，按照参考图颜色调节一个上浅下深的蓝色渐变材质，粗糙度也要增加一些，可以把材质赋予管身模型并查看效果，如图 1-64 所示。

最后让我们给产品制作烫金字效果。创建一个【Octane 混合材质】，打开【材质编辑器】，单击【节点编辑器】进入节点界面，把金色材质球和渐变蓝色材质球都拖入材质编辑器，一个连接到【Material 1】，一个连接到【Material 2】，并将【Amount】的浮点节点删除，添加一个【图形纹理】节点，把之前制作的 PNG 贴图置入。【图像纹理】的【类型】选择【Alpha】，这样图像中的黑色文字部分就会显示出 Material 1 的金色，而透明位置就会显示 Material 2 的渐变蓝色。把这个混合材质赋予产品管身模型，就能够看到金色烫金文字和 LOGO 了，如图 1-65 所示。最后检查一下，如果所有模型都有材质就可以渲染出图了。

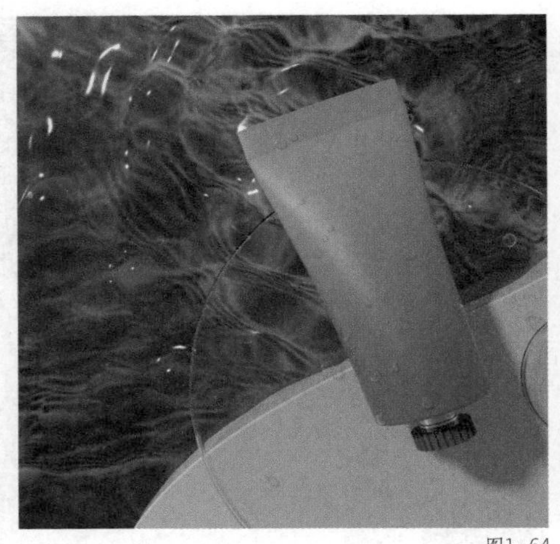

图1-64

图1-65

使用 Photoshop 制作文字效果

在 Photoshop 中打开渲染图，使用【曲线】调整画面，将右上角区域曲线拉高，提亮画面，将左下角区域曲线拉低，压暗画面，这样画面整体的对比度更强，如图 1-66 所示。

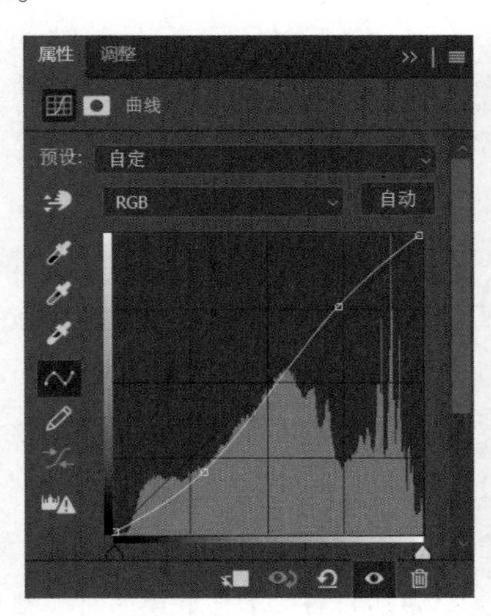

图1-66

使用【自然饱和度】工具，增加整体色彩鲜明度，如图 1-67 所示。

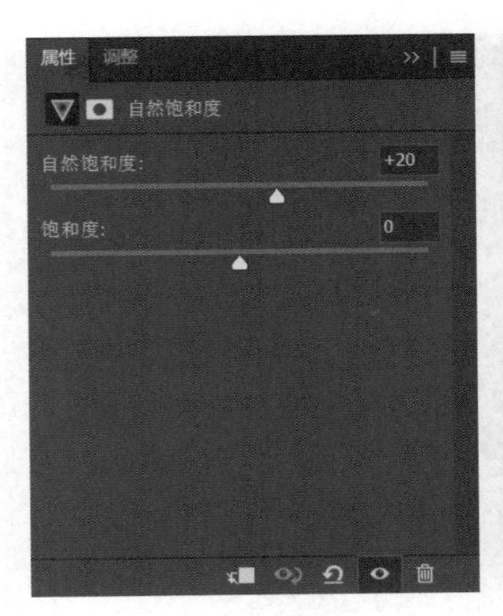

图1-67

使用【滤镜】菜单中的【USM锐化】工具，提高画面整体的清晰度，如图1-68所示。

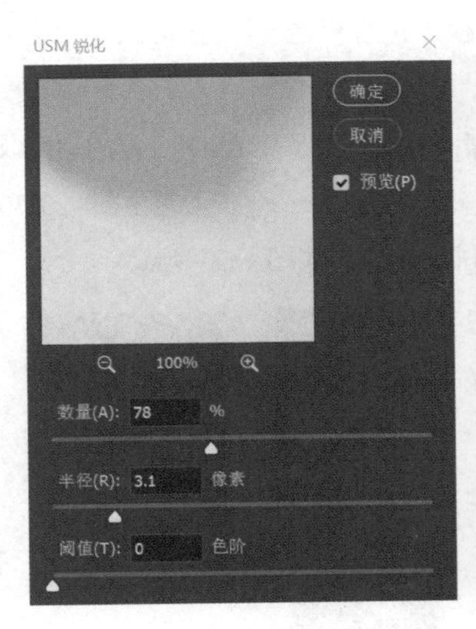

图1-68

最后，把几组文字分别排在产品周围的空白处，注意不要叠加在主体产品身上，主题文字要有粗细和大小变化，便于识别；卖点文字稍小一些，分3组以气泡形式展示；促销文字颜色要鲜艳，但不要脱离清新风格的配色色板。这样一张主图就做好了，如图1-69所示。

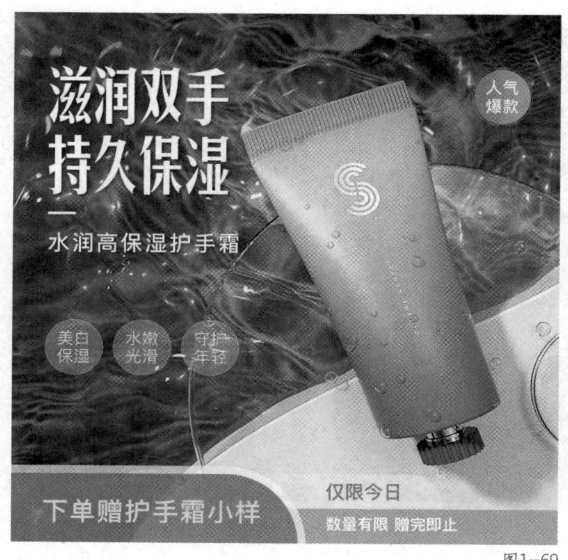

图1-69

调整完成后就可以保存文件并打包交付了。

在 C4D 中选择【文件】菜单中的【保存工程（包含资源）】，就可以保存 C4D 格式工程文件（.c4d）和 tex 纹理贴图文件夹了。

在 Photoshop 中选择【文件】菜单中的【存储（S）】，以保存 PSD 格式的后期文件。

把所有文件一起保存到新文件夹中，并将文件夹命名为“name_ 护手霜主图 _20230520”（你也可以根据需要更改名字和日期），就可以交付工作了，如图 1-70 所示。

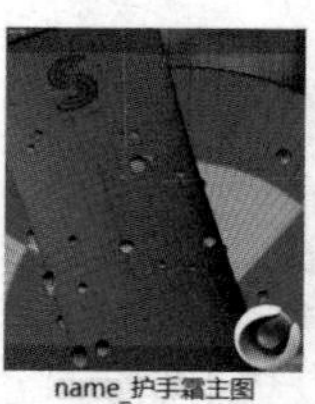

图1-70

【拓展知识】

渲染出的效果图一般没有分层，在调整局部颜色的时候只能单独抠图，比较不便，为了便于进行后期处理，也可以在 OC 渲染器中渲染出单独的通道信息。

知识点　PS 后期分层调色（图层蒙版）

本项目主图中的主体是护手霜产品，想要在 Photoshop 对它单独调节颜色，就需要蒙版信息。

在 C4D 的【对象】面板中找到产品组，单击鼠标右键并在菜单中依次选择【扩展】→【C4doctane 标签】→【Octane 对象标签】，给产品模型添加对象标签。将标签属性中【对象图层】页的【图层 ID】设为 2，如图 1-71 所示。

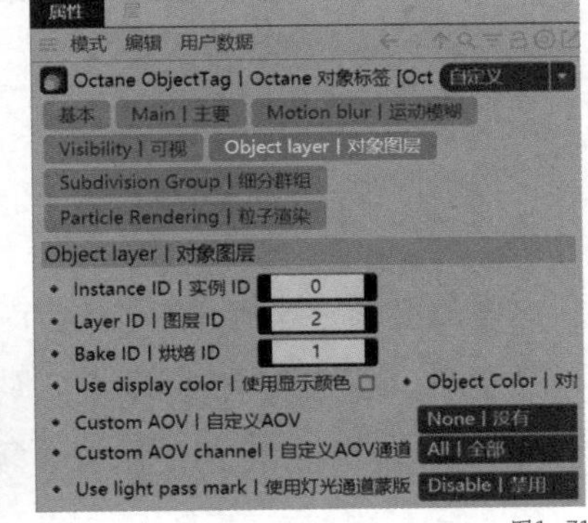

图1-71

打开 Octane 渲染设置界面，在【核心设置】中选择【信息通道】，下方的【类型】选择【对象层 ID】，这样就能渲染出一张带有产品模型外形的彩色图片，如图 1-72 所示。

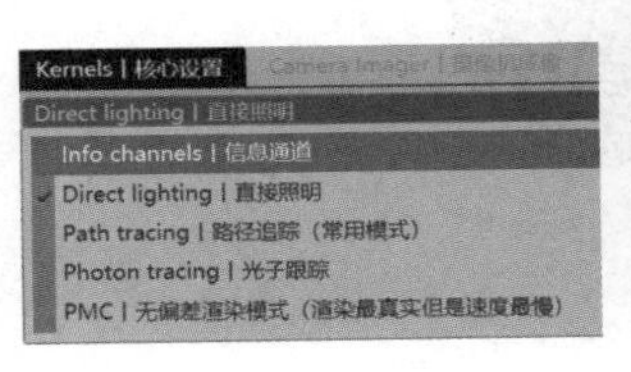

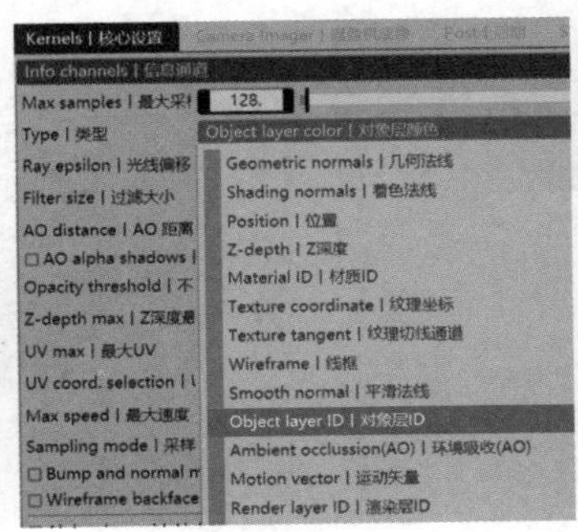

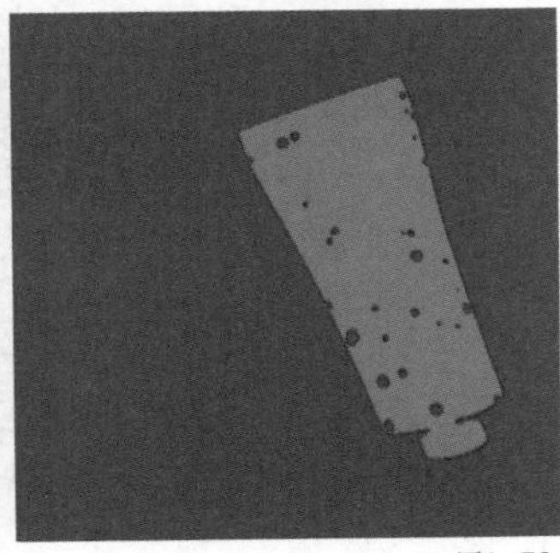

图1-72

将这张彩色图片与最终渲染器置入 Photoshop 中的渲染图，在【色彩范围】中使用【吸管】工具单击绿色部分，就能为产品单独建立选区了，如图 1-73 所示，此时再进行局部调色就方便多了。

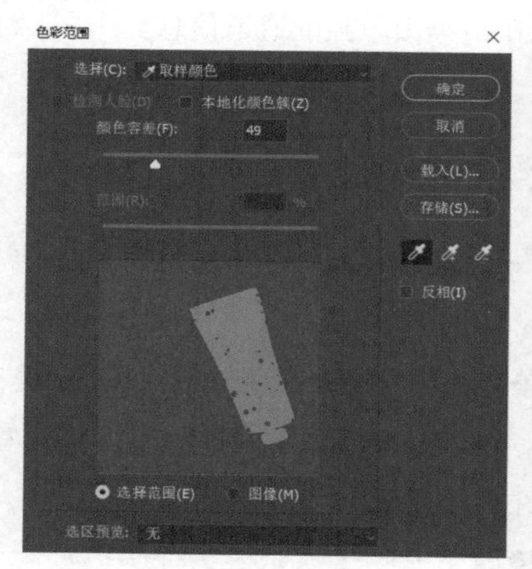

图1-73

【作业】

你是一名**电商视觉设计师**，公司的新面霜产品即将上架到电商平台，需要一张简洁风格的产品主图，运营部门的同事给了你产品正面和顶面照片，如图 1-74 所示，需要你进行产品建模并设计一个简洁风格的场景，并在主图中加入产品描述和促销、卖点等信息。各方确认无误后，再把图片发给电商部门的同事上架。

项目资料

图1-74

主题文字：人气爆款美白面霜，美白保湿，清透水润。

卖点文字：美白保湿，水嫩光滑，守护年轻。

促销文字：仅限今日，下单赠面霜小样，数量有限，赠完为止。

项目要求

（1）简洁风格，体现美白产品特点。

（2）产品半侧面展示，LOGO 清晰。

（3）主题文字明显，促销文字突出。

项目文件制作要求

（1）将文件夹命名为“name_ 面霜主图 _date”（name 代表你的姓名，date 要包含年、月、日）。

（2）此文件夹包括 C4D 渲染后的 JPG 格式文件、经 Photoshop 后期处理的 JPG 格式文件、C4D 格式工程文件、包含 tex 贴图的文件夹、PSD 格式文件。

（3）尺寸为 800px × 800px，颜色模式为 RGB，分辨率为 72ppi。

完成时间

6 小时。

【作业评价】

序号	评测内容	评分标准	分值	自评	互评	师评	综合得分
01	构图	是否根据产品外形选择适合的构图方式	20				
02	配色	配色是否符合风格需求； 配色是否符合平台需求	20				
03	建模	和产品的相似度是否高； 布线是否均匀；外形是否平滑	20				
04	渲染效果	材质是否和产品相符； 光影分布是否合理；产品是否突出	20				
05	后期呈现	是否添加了需求文字； 是否符合主图要求	20				

注：综合得分 =（自评 + 互评 + 师评）/ 3

项目2

科技风格会场主视觉设计

在电商平台产品会场的主视觉画面中，经常可以看到使用C4D搭建的结构。使用C4D可以搭建很多现实中无法实现的场景，并把产品融入场景，更能表现出抽象的概念，比如软件产品、云计算产品、VR装备等。设计师在搭建场景时会加入很多现代感、科技感和未来感的元素，以此吸引目标受众。

使用C4D可以创造出抽象的几何形状，如多边形、线条和“云”形状等，以展现科技的抽象概念。接下来将介绍如何利用C4D搭建出科技风格的会场主视图画面。

【学习目标】

综合应用曲面建模工具和知识，学会如何快速创建立体字效果，以及掌握搭建科技风格虚拟场景的方法。之后使用 OC 渲染器来渲染科技风格的视觉画面，以此掌握调节渐变材质和磨砂材质的方法。

【学习场景描述】

你是一名**电商平台的视觉设计师**，电商平台策划了一个“云存储产品超级品牌日”活动，需要一张科技风格的主视觉图片，多个品牌的产品会集合到这一个活动页面展示，**运营**部门的同事需要你搭建一个场景，并渲染出科技风格的画面，之后还需要在图中加入主题文字和促销信息。各方确认无误后，再把图片发给负责平台装修的同事搭建虚拟会场。

【任务书】

项目名称：云存储超级品牌日主视觉画面。

项目资料：运营部门提供的文字信息如下所示。

主题文字：安全云存储超级品牌日。

促销文字：全程直降，12 期免息。

项目要求

（1）科技感元素，背景丰富，以科技蓝为主色，画面干净。

（2）虚拟产品，要体现云存储产品特征与数据安全的特点。

（3）主题文字融入画面，促销文字突出。

项目文件制作要求

（1）将文件夹命名为“name_ 云储存超品日 KV_date”（name 代表你的姓名，date 要包含年、月、日）。

（2）此文件夹包括 C4D 渲染后的 JPG 格式文件、经 Photoshop 后期处理的 JPG 格式文件、C4D 格式工程文件、包含 tex 贴图的文件夹、PSD 格式文件。

（3）尺寸为 1125 px × 800px，颜色模式为 RGB，分辨率为 72ppi。

完成时间

8 小时。

【任务拆解】

1. 画草图和确定科技风格配色。
2. 制作云元素。
3. 制作立体字。
4. 制作电脑元素。
5. 绘制盾牌底座并制作装饰细节。
6. 绘制路径，制作其他科技风格元素。
7. 制作科技感地面。
8. 给场景布光。
9. 为场景添加材质，并渲染出图。
10. 使用 Photoshop 制作后期效果。

【工作准备】

在进行本项目前，需要巩固以下知识点。

1. 科技风格的特点。
2. 样条布尔工具的使用方法。
3. AI 格式文件导入 C4D 的方法。
4. 创建立体字的 3 种常用方式。
5. 样条画笔工具的使用方法。
6. 运动挤压工具的使用方法。
7. Octane 反射材质。
8. OC 景深效果设置要点。
9. 产品后期光影调色。

如果你已经掌握相关知识，可跳过这部分，开始工作实施。

知识点 1　科技风格的特点

未来科技、机械元素、虚拟现实、云计算或人工智能等主题的场景，都比较适合使用科技风格，如图 2-1 所示。

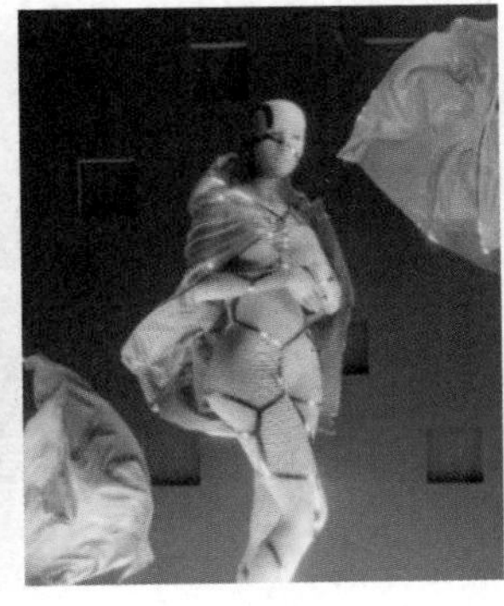

图2-1

科技风格通常强调几何形状以及清晰、简洁的线条，如图 2-2 所示。在设计中使用立方体、圆柱、圆锥等简洁的几何形状，可以增强画面的科技感。还可以加入一些科技元素，如电路板、电子设备和线缆等，这样能进一步强调科技氛围。这些元素通常放置在背景中，作为装饰性图案出现。

图2-2

在元素排布上，科技风格通常强调简洁和有序，确保元素的排列有一定的规律性和对称性，还可以适当添加材质和纹理以提升场景的真实感。在材质上，可以选择常见的金属、玻璃或发光材质等，以及体现科技感的纹理，如排列有序的线条和电路图案等，如图 2-3 所示。

图2-3

搭建场景的色彩上尽量选择冷色调，如蓝色、绿色、紫色等，这些颜色通常也与科技相关，如图 2-4 所示。

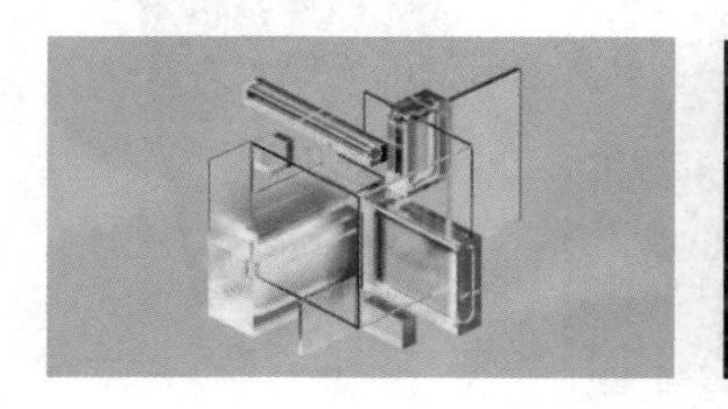

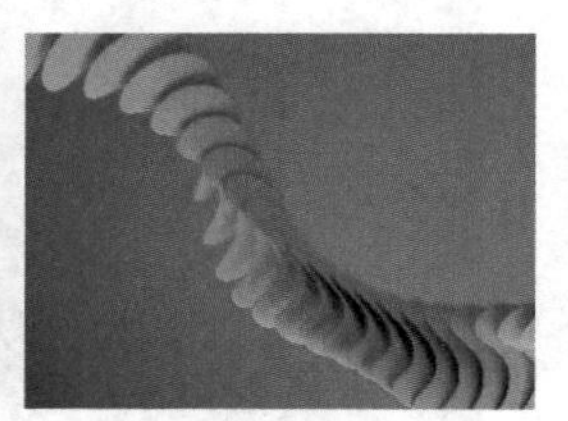

图2-4

知识点 2　样条布尔工具的使用方法

【样条布尔】工具是 C4D 中很好用的生成器工具，选择【创建】→【生成器】→【样条布尔】命令即可创建，如图 2-5 所示。

【样条布尔】工具能够对两个样条进行布尔运算，在【对象】标签中可以看到它的几种运算模式，如图 2-6 所示。

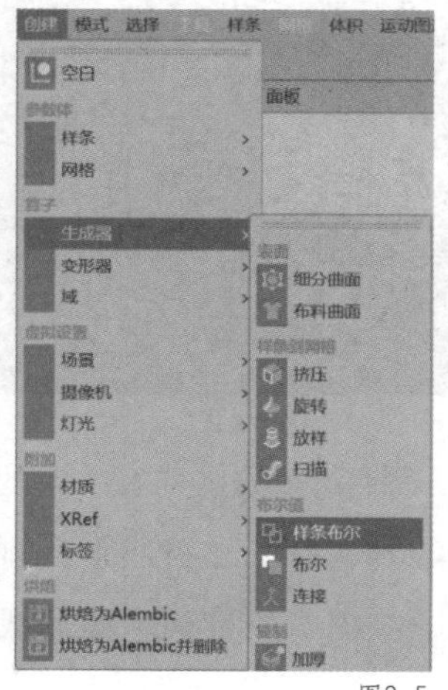

图2-5

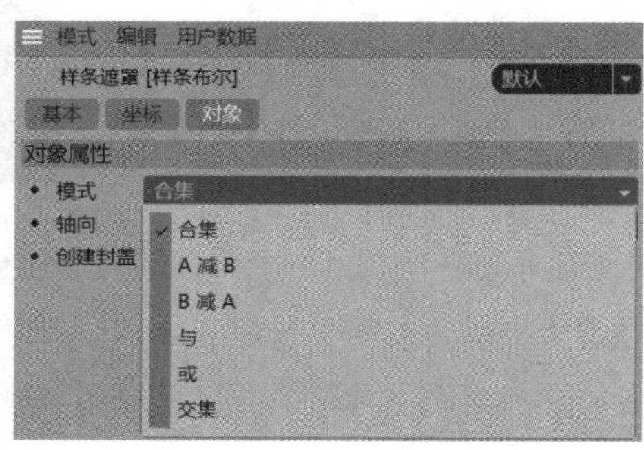

图2-6

创建两个圆环样条，将其置于【样条布尔】的子级中，再在【样条布尔】的父级位置创建一个挤压生成器，这样可以对照查看不同布尔运算的区别，如图 2-7 所示。

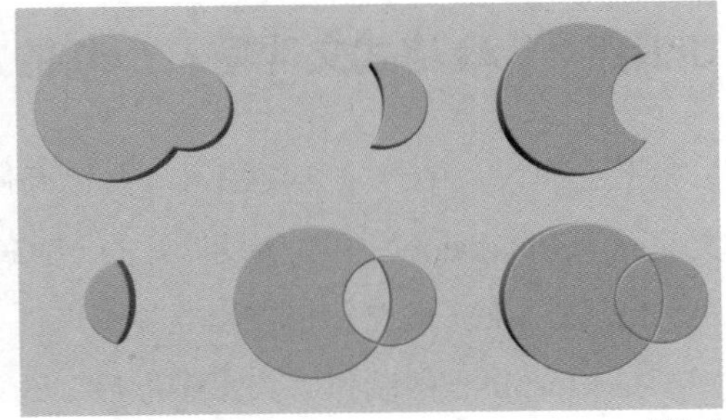

图2-7

接下来分别介绍不同的布尔运算用在样条上的效果。

合集：两个样条合并，相交的部分将被删除，运算完成后两个样条将合为一个。

A 减 B：位于子级上方的样条减去与下方样条重合的部分，保留下方样条不重合的部分。

B 减 A：位于子级下方的样条减去与上方样条重合的部分，保留上方样条不重合的部分。

与：两个样条相交的部分保留下来，删除不相交的部分。

或：删除两个样条相交的部分，保留不相交的部分。

交集：两个样条合并，相交的部分不删除。

使用【样条布尔】工具时有两个要点需要注意。

在进行布尔运算时需要两个样条，且它们要在同一子级中的上下位置，上方的代表 A 样条，下方的代表 B 样条。

两个样条和样条布尔都要处于同一轴向。如果轴向不同，可以通过调整【对象属性】面板中的【轴向】来使其保持一致，如图 2-8 所示。

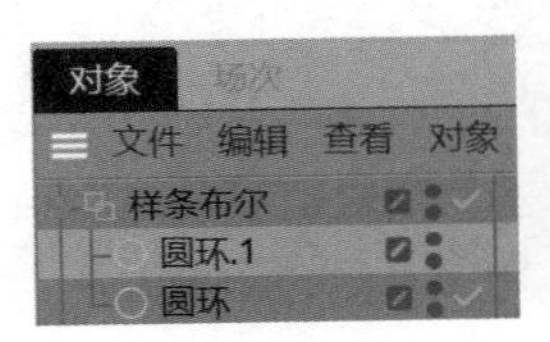

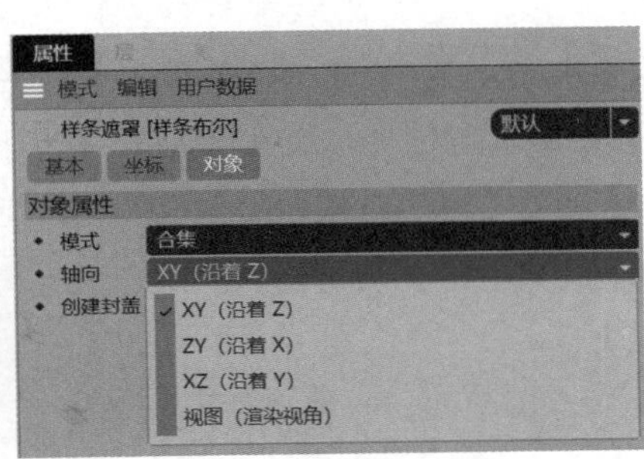

图2-8

知识点 3 AI 格式文件导入 C4D 的方法

在电商设计中经常需要加入一些已经制作好的图形。比如在 Adobe Illustrator（后文简称为 Illustrator）中单独设计好的 LOGO 或者图案可以直接导入 C4D，方便后续利用 AI 格式（.ai）的路径搭建出立体图形。

在 Illustrator 中制作完矢量图形后，选中所有的路径，使用【对象】菜单中的【扩展】，把描边都扩展成图形，然后在【文件】菜单中选择【存储为】，将其存储为 AI 格式文件，如图 2-9 所示。

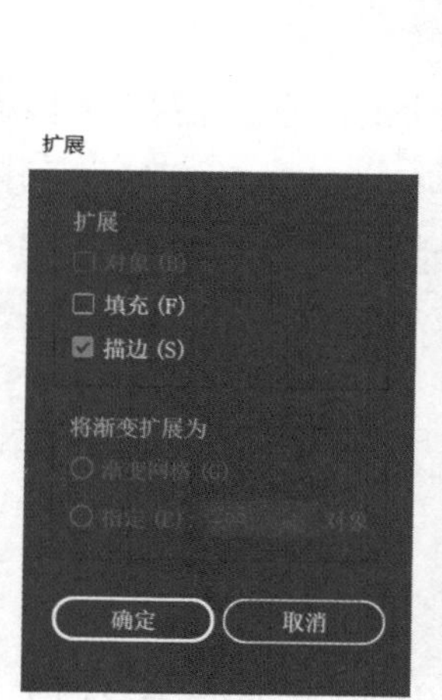

图2-9

把存储好的 AI 格式文件拖曳到 C4D 中，会弹出【Adobe PDF Illustrator 导入设置】窗口，把【比例】设置为 10cm，这就相当于把文件的图形大小扩大了 10 倍，这一步操作能够解决 AI 格式文件导入 C4D 后出现显示尺寸过小的问题。再勾选【创建矢量对象】复选框，单击【确定】按钮后就能够直接把 AI 格式文件的矢量图形转换成 C4D 中的立体对象了，如图 2-10 所示。

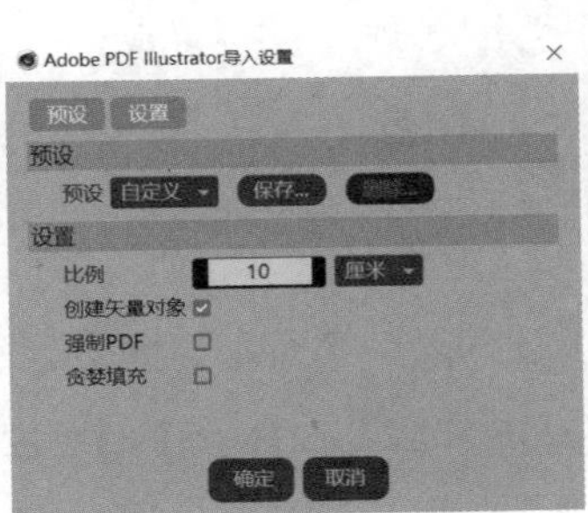

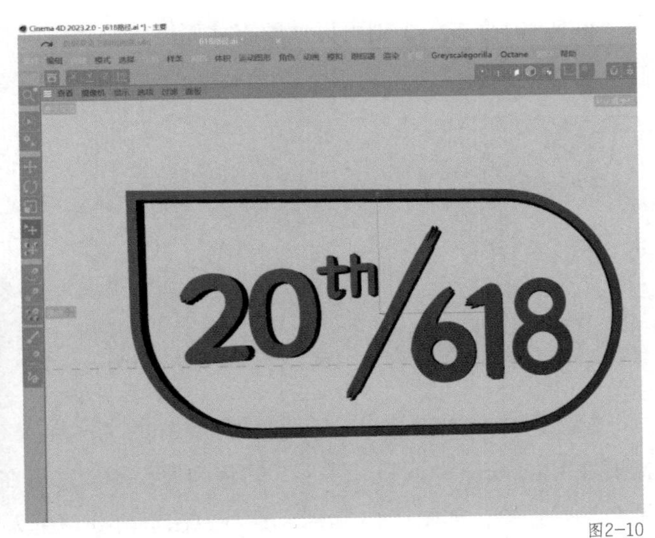

图2-10

知识点 4　创建立体字的 3 种常用方式

在使用 C4D 设计时，经常需要把标题文字做出立体效果。在 C4D 中，创建立体文字的方法有很多种，这里介绍 3 种常用的方式。

第一种方式是使用【文本】工具。在【创建】菜单的【参数体】中选择【网格】，然后单击【文本】，就能够直接创建立体字，之后再通过【属性】面板调整字体、字号、对齐方式和间距等参数，如图 2-11 所示。这种方法适合直接使用系统字体来快速创建标题的情况。

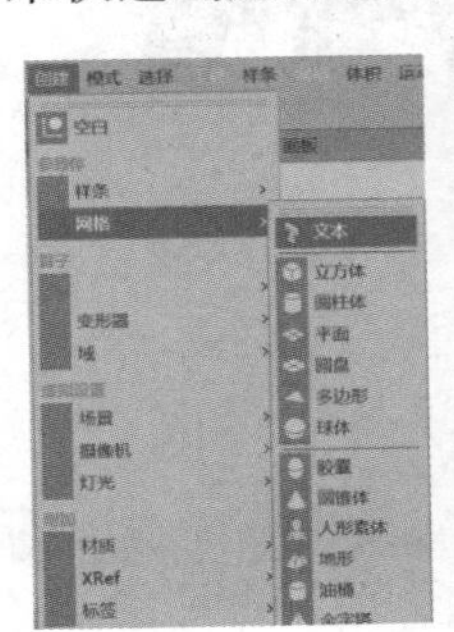

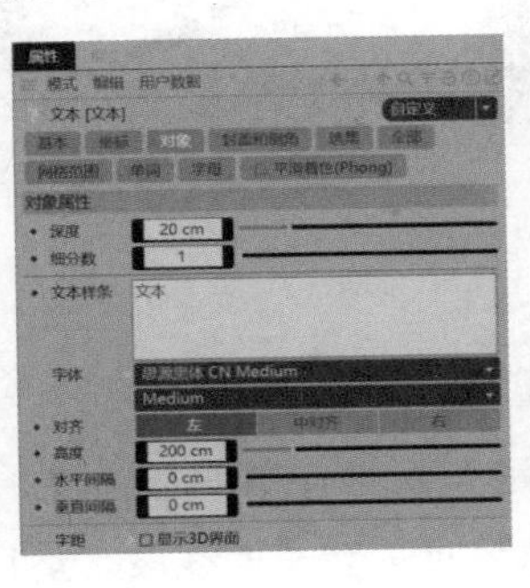

图2-11

第二种方式是利用【挤压】和【文本样条】。选择【创建】菜单中的【文本样条】选项，配合【挤压】生成器工具，也能够创建立体字。【文本样条】用来控制字形、字号、间距等，【挤压】则可以调整字体厚度、圆角弧度和封盖等参数，如图 2-12 所示。这种方法更加灵活，适合需要对文本进行编辑处理的场景。

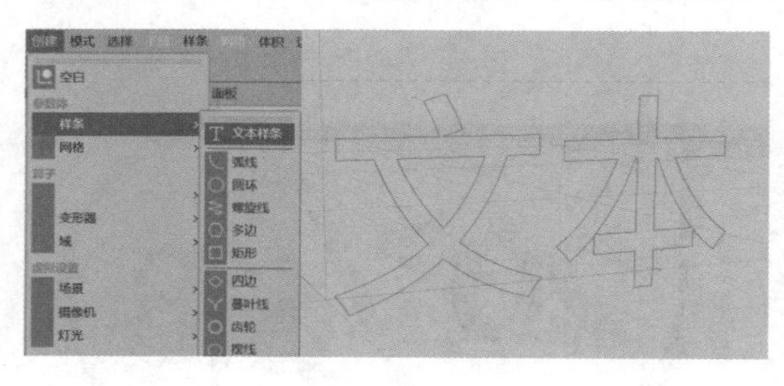

图2-12

第三种方式是将在 Illustrator 中编辑好的文本导入 C4D 创建矢量对象。这个方法需要在 Illustrator 中调整好字形、间距和大小等，之后在 C4D 中控制立体文字的厚度、圆角和封盖等，如图 2-13 所示。这种方法适合处理更为复杂的图形，因为在 Illustrator 软件中可以更方便地绘制和编辑矢量图形。

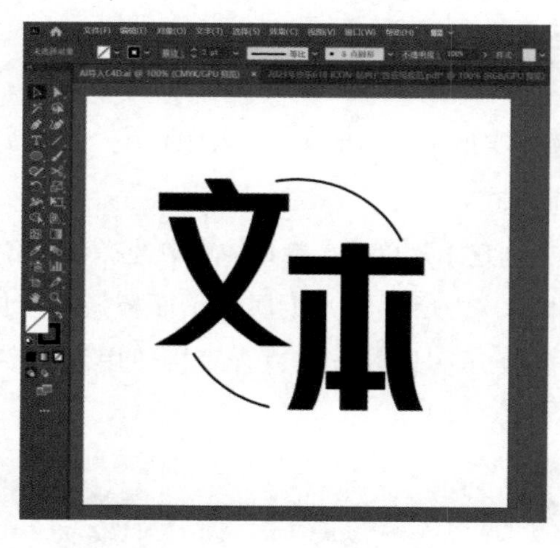

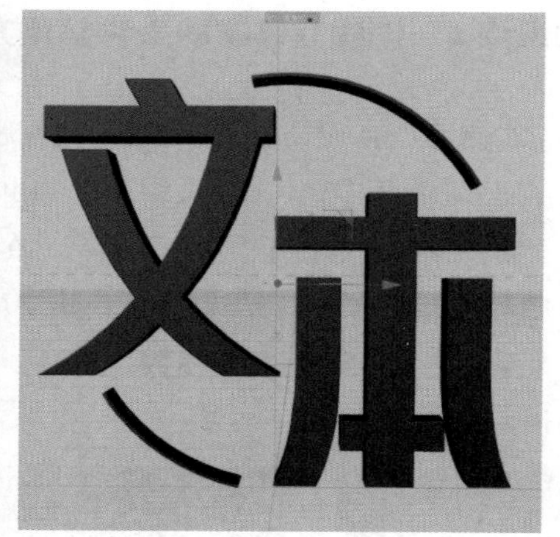

图2-13

知识点 5　样条画笔工具的使用方法

C4D 中的【样条画笔】一般用于创建和编辑样条曲线。样条曲线是由控制点和控制顶点组成的平滑曲线，可以用于塑造各种形状，如线条、路径和边界等，使得在 C4D 中创建复杂形状和流畅曲线变得更加容易和直观。

【样条画笔】在界面左侧快捷菜单的中间位置，单击即可激活【样条画笔】工具，如图 2-14 所示。

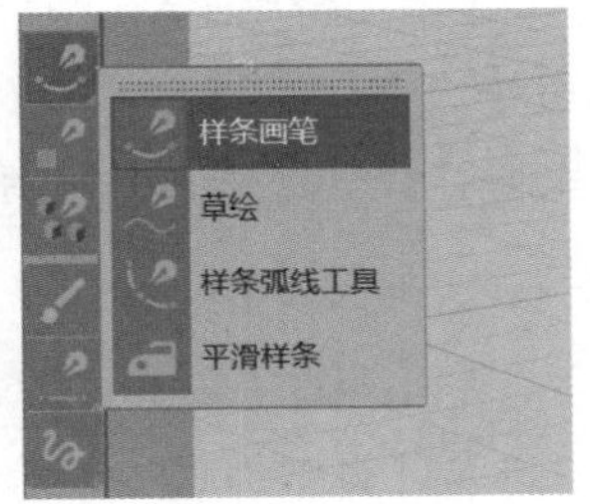

图2-14

【样条画笔】的使用方法也非常简单，每次在视图窗口中单击鼠标左键，都会创建一个新的控制点，连接这些控制点就可以形成平滑的样条曲线。

除了绘制新的样条曲线，【样条画笔】还可以用于编辑现有的样条曲线，如图 2-15 所示。激活工具后，选中现有样条上的控制点，通过拖曳鼠标移动控制点来改变曲线的形状；调整控制点上的切线可以控制曲线的弯曲和方向；添加和删除控制点可以调整曲线的形状和结构。

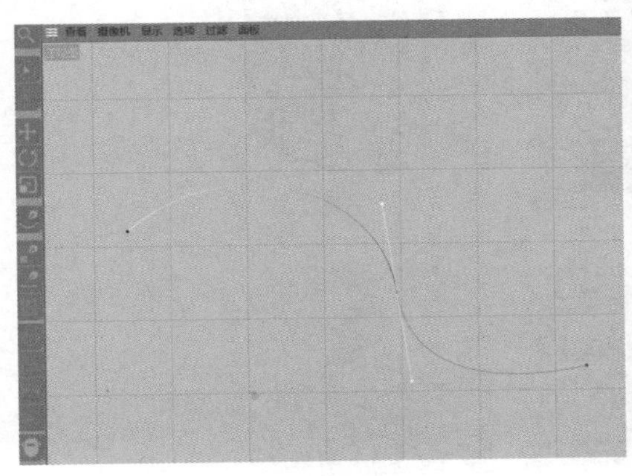

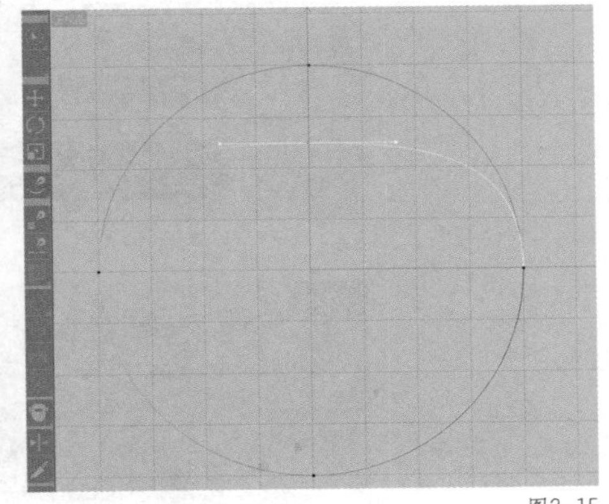
图2-15

【样条画笔】提供了多种曲线类型选项，如贝塞尔、线性、立方和 B- 样条曲线等，如图 2-16 所示。其中最常用的就是贝塞尔曲线，其使用方法和 Photoshop 中的【钢笔工具】一致。

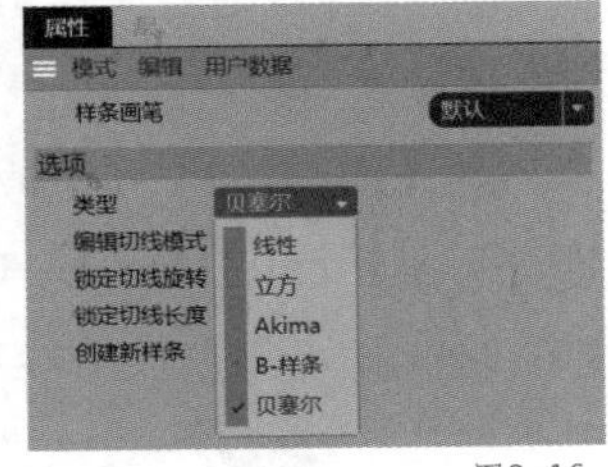

图2-16

知识点 6　运动挤压工具的使用方法

C4D 中的【运动挤压】是一个强大且灵活的工具，它可以为对象添加动态和变形效果。【运动挤压】在动画制作中广泛应用，特别适用于创造有机形状的变化、对象的融合效果以及独特的运动设计。【运动挤压】位于【运动图形】下拉菜单的【变形器】

组内，单击【运动挤压】选项即可创建，如图 2-17 所示。

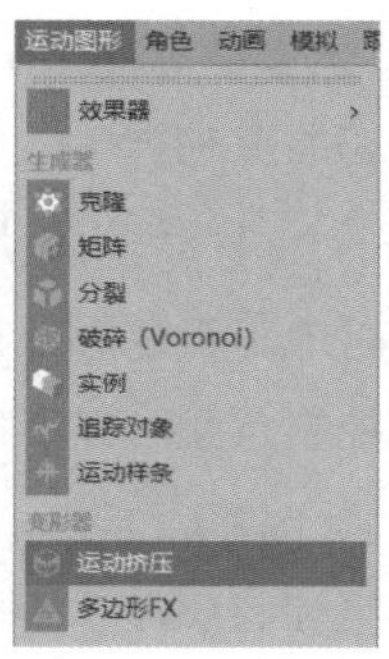

图2-17

【运动挤压】是一个变形器工具，使用时需要置于作用对象的子级中。新建【立方体】对象，在子级中创建【运动挤压】，创建后的默认样式为立方体，其每个面都被挤压成 4 段，每一段都缩小了一些，如图 2-18 所示。

将【属性】面板中【对象】标签的【变形】设置为【每步】，将【挤出步幅】调整为 68，就能够看到图形变化得更为明显，立方体的每个面都被挤压成 68 段，如图 2-19 所示。

属性
模式 编辑 用户数据
运动图形挤压变形 [运动挤压] 默认
基本 坐标 对象 变换 效果器
对象属性
变形 从根部
挤出步幅 4
多边形选集
扫描样条

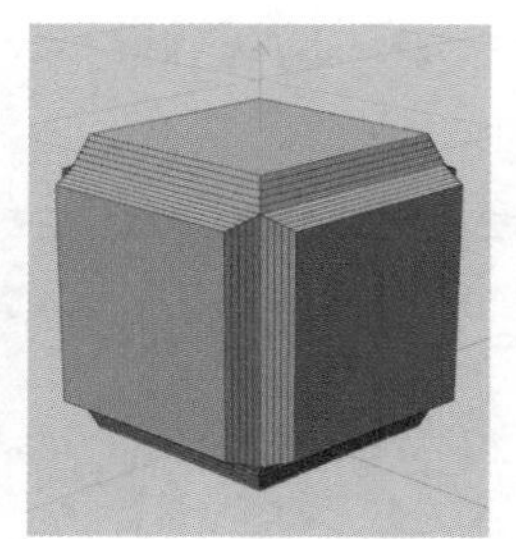
图2-18

属性
模式 编辑 用户数据
运动图形挤压变形 [运动挤压] 自定义
基本 坐标 对象 变换 效果器
对象属性
变形 每步
挤出步幅 68
多边形选集

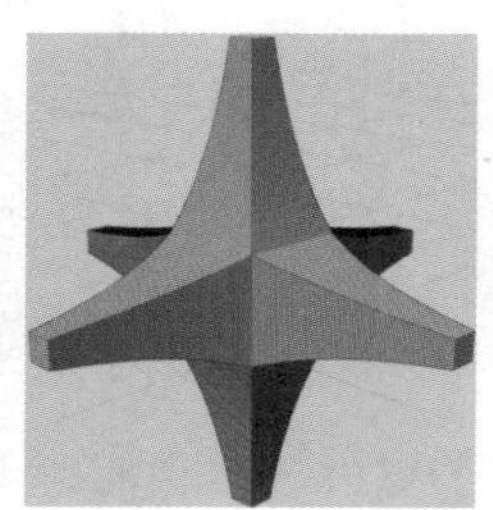
图2-19

在【运动挤压】的【属性】面板中调整【变换】标签中的【旋转 . B】为 2°，就能够看到挤压出的 68 段中的每一段都依次旋转了 2°，如图 2-20 所示。多尝试一下参数的变化，可以创造出很有意思的变化。

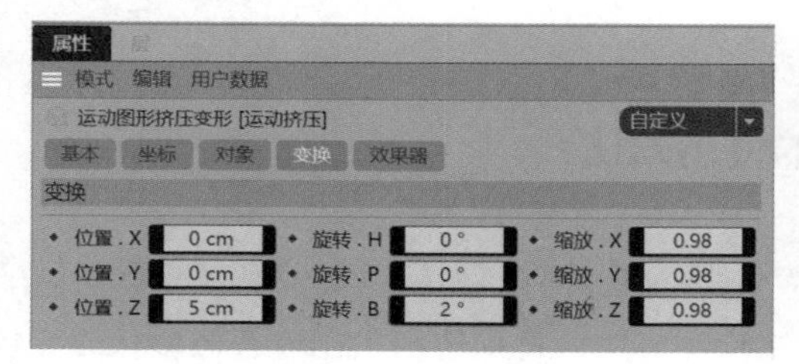

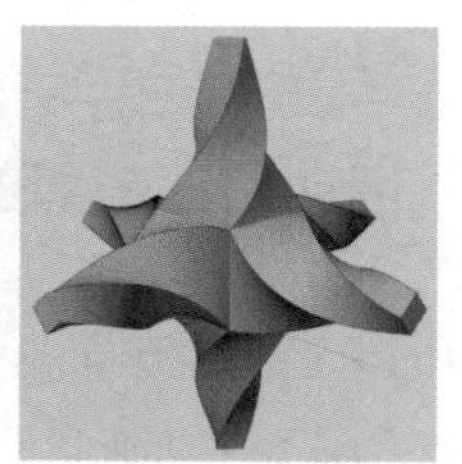
图2-20

知识点 7　Octane 反射材质

Octane 反射材质是 OC 渲染器中常用的材质类型，它位于 OC 视窗【材质】菜单的【创建】下拉菜单中，主要用于模拟物体表面的光泽感。它可以产生光滑的反射效果，并且能够呈现反射光斑和高光的效果，让物体表面看起来更加光滑和光亮，常用于金属、塑料、漆面等材质的渲染，如图 2-21 所示。

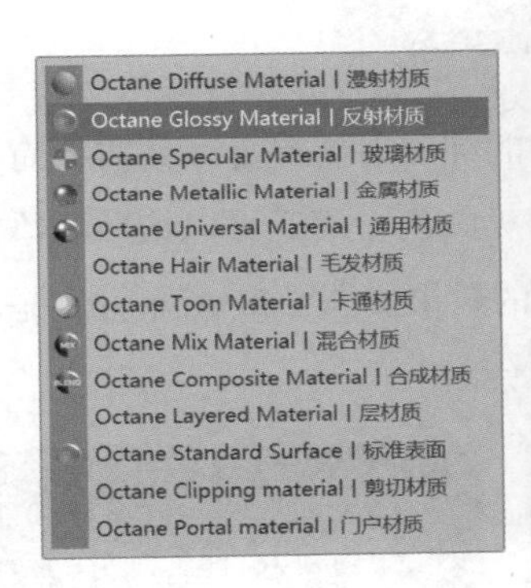

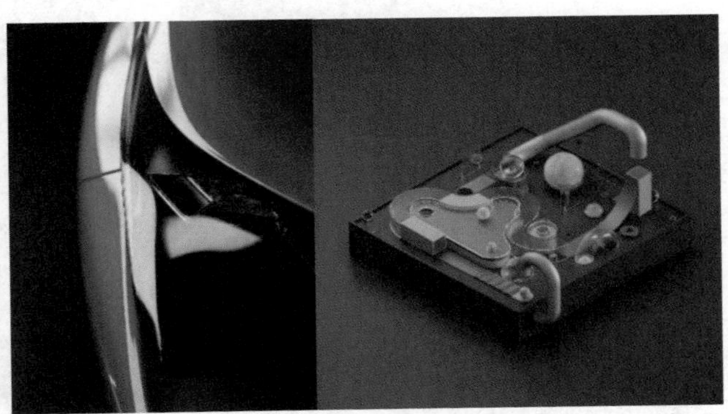

图2-21

【反射材质】的调节有 3 个要点需要注意。

光泽度和粗糙度：在 OC 渲染器中可以通过调整反射材质的光泽度和粗糙度属性来控制物体表面的光滑程度。【索引】通道用于控制材质的光泽度，索引值越大，反射强度越强，但 1 为最大强度，也就是镜面效果。而【粗糙度】通道的参数则影响反射的模糊程度和表面细节。较低的粗糙度值会产生相对光滑的反射效果，而较高的粗糙度值会产生更加粗糙的反射效果，图 2-22 分别是索引值为 3、索引值为 1、粗糙度为 0.05 和粗糙度为 3 的材质效果。

图2-22

颜色和凹凸纹理：【反射材质】在索引值不为 1 时，可以显示物体的基本颜色，也就是【漫射】通道设置的颜色。除此以外，也可以应用纹理贴图来增加细节和凹凸纹理变化。在【凹凸】通道的【纹理】中加载黑白纹理贴图，就可以让材质表面产生凹凸效果，使材质细节更为丰富。图 2-23 中分别为【漫射】通道颜色为蓝色、【凹凸】通道加载一张白底黑圆点的纹理贴图产生的效果。

图2-23

对外界环境依赖性很强：特别是在使用索引值为 1 的纯反射情况下，就需要有可反射的素材，也就是外部环境。C4D 默认的外部环境是灰白色，我们可以给环境添加【HDRi 环境】，加载不同的 HDR 贴图，这样会产生不同的效果。图 2-24 所示分别是不添加外部环境、加入室内 HDR 环境和室外 HDR 环境的效果。

图2-24

知识点 8　OC 景深效果设置要点

OC 景深是一种常用的渲染效果，它主要用于模拟真实摄影的焦点和景深效果。景深效果通过模糊相机焦点前后的场景，使得焦点以外的物体看起来模糊，从而在视觉上增强了画面深度感和逼真感。正常视图和加入景深效果的对比，如图 2-25 所示。

图2-25

在使用景深效果前，首先需要在C4D中添加Octane摄像机，之后就能在摄像机【属性】面板中选择【Octane摄像机标签】→【镜头】→【景深】。在设置景深效果时需要关注以下两点。

光圈设置：光圈大小决定了景深效果的虚化程度。较大的光圈会产生较浅的景深，只有焦点周围的区域保持清晰，而其他区域会模糊。相反，较小的光圈会产生较深的景深，使得焦点内外的区域都保持相对清晰，因此需要根据画面大小去调节【光圈】数值，数值越大，焦点外区域越模糊（与现实中摄像机的参数效果相反）。如图2-26所示，左图的光圈数值较小，右图的光圈数值较大。

图2-26

焦点位置：焦点是控制景深效果的关键，它决定了相机所对准的物体或场景的清晰度。设置焦点位置的方法有两种：可以在相机中设置焦点位置，或者使用物体作为焦点目标来控制景深效果的焦点位置。通常情况下，需要先取消【自动对焦】，单击OC视窗顶部的【焦点】快捷图标，然后在实时渲染窗口中用鼠标单击需要设置的焦点位置，这样能更灵活地控制虚化范围，如图2-27所示。

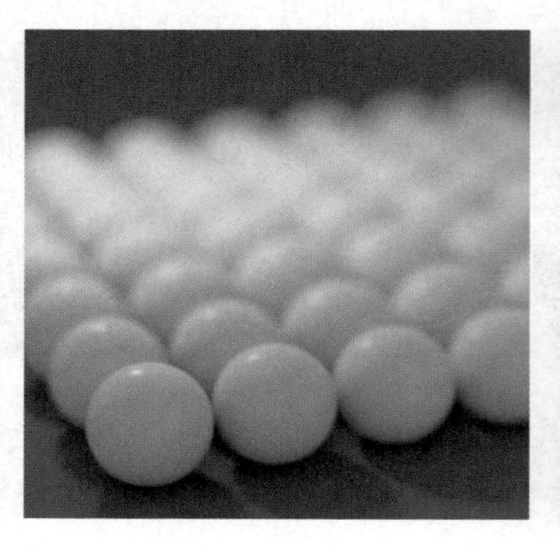

图2-27

知识点9 产品后期光影调色

使用OC渲染器渲染出画面后，可以在Photoshop进行后期处理。

【通道】调色：在菜单栏选择【图像】→【调整】，找到【通道混合器】，通过调节红、绿、蓝三色通道的颜色比重来改变画面色调。如图2-28所示，绿色通道减少20%的红，增加3%的蓝，使画面整体偏向蓝紫色。

图2-28

【色阶】提亮：【色阶】工具可以解决画面偏灰的问题，它提供了直观的图形界面，使设计师可以通过调整输入和输出的数值来改变图像的像素值分布。【色阶】工具位于Photoshop【图像】菜单中的【调整】子菜单，单击【色阶】即可调出它的【属性】和【调整】面板。把黑色输入滑块（左边）向右移动，可以增加图像的黑色强度；将白色输入滑块（右边）向左移动，可以增加图像的白色强度。通过调整输入滑块的位置，就可以改变图像的整体亮度，如图2-29所示。

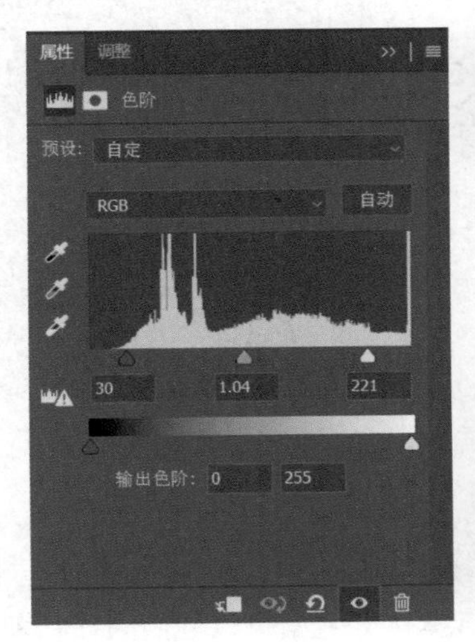

图2-29

【工作实施和交付】

首先根据需求文档进行画面构图，注意突出会场活动的主题内容和促销信息，在绘制元素草图时，要保证元素样式围绕主题，确定元素和整体的配色，再在C4D中搭建模型、制作立体字等。在OC渲染器中设置灯光环境和材质，整体渲染调色后，最终交付合格的图片。

画草图和确定科技风格配色

根据资料，把主题文字、促销文字、云和电脑等元素组合，用草图把想法大致画出来，主题文字需要出现在画面最明显的位置，促销文字也需要清晰地展现，它们之间可以用云元素和电脑线路元素连接起来，背景用六边形的蜂窝状排列，这样能体现秩序感。

场景以“科技蓝”为主色，通过调整元素色彩的明暗、饱和度和对比度突出画面的层次感，也可以增加一些金属材质和发光材质来增强画面的科技氛围，如图 2-30 所示。

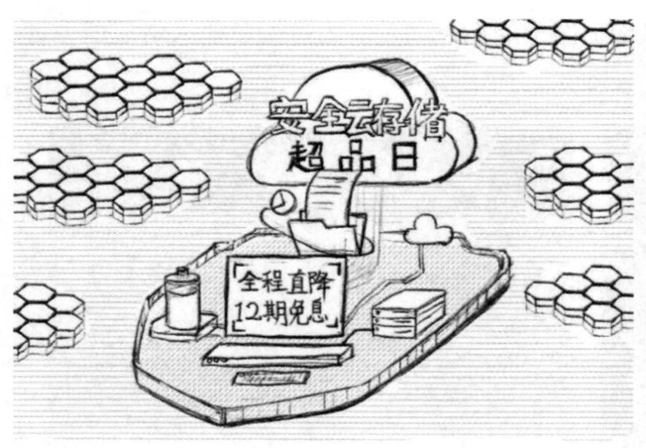

图2-30

制作云元素

打开 C4D，按【F4】键打开正视图，绘制云元素。云元素可以使用圆环和矩形合并来实现。

创建 3 个圆环样条，其中中间的圆形样条大一些，这样就可以看到云元素上方的弧度雏形了。再创建一个矩形样条，使其底部与两侧圆环底端对齐，云元素轮廓就成型了。

长按工具栏中的绿色按钮，在下拉菜单中单击创建【样条布尔】，把圆环和矩形都拖入它的子级，将【属性】设置为【合集】，得到完整的云朵形状。制作云元素轮廓的过程如图 2-31 所示。

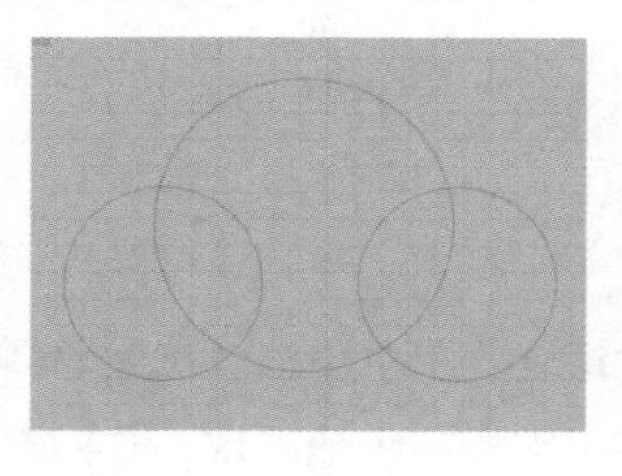

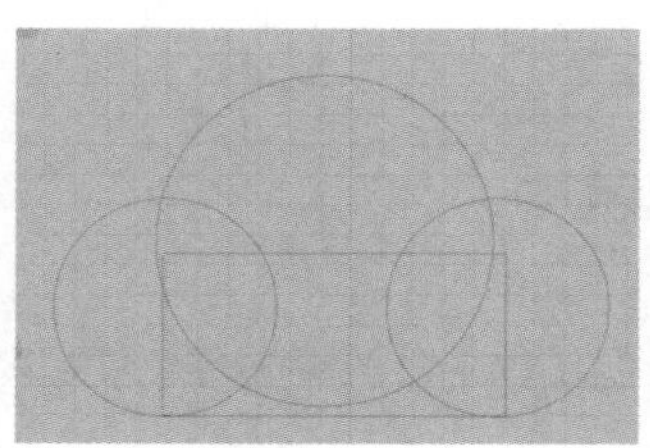

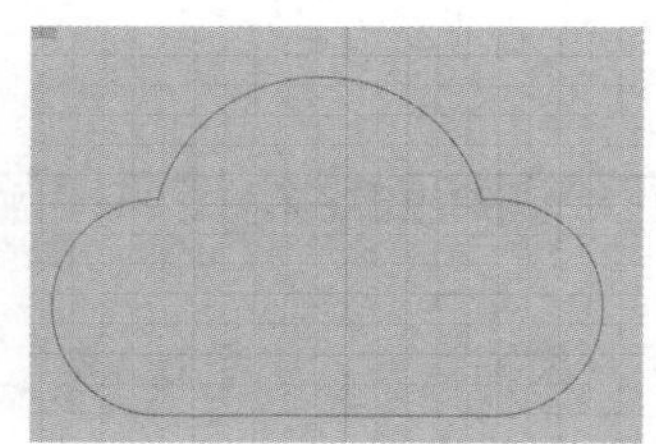

图2-31

长按工具栏中的绿色按钮，在下拉菜单中单击创建【挤压】生成器。

在【对象】面板中，把【样条布尔】的样条组拖入【挤压】的子级；在【属性】面板的【对象】标签下设置【方向】为 Z,【偏移】设为 32cm，给云样条挤压出厚度，如图 2-32 所示。

图2-32

复制一组云样条，再创建一个【矩形】样条，在【属性】面板中设置【宽度】和【高度】的数值，使其效果呈现为细窄的长方形。勾选【圆角】，再长按工具栏中的绿色按钮，在下拉菜单中单击创建【扫描】生成器。

在【对象】面板中，把【样条布尔】和【矩形】样条同时拖入【扫描】的子级；在【属性】面板的【封盖和倒角】标签下，设置倒角【尺寸】为 3cm,【细分】为 3，给云样条扫描出一个外边框，如图 2-33 所示。

图2-33

接着给云元素增加一些细节。复制一组云样条的挤压对象，移动到边框的前边缘作为云元素的盖子。为了便于观察，在【挤压】属性中的【基本】标签下勾选【透显】，可以让挤压对象在视图中半透明显示，这样云元素就做好了，如图 2-34 所示。

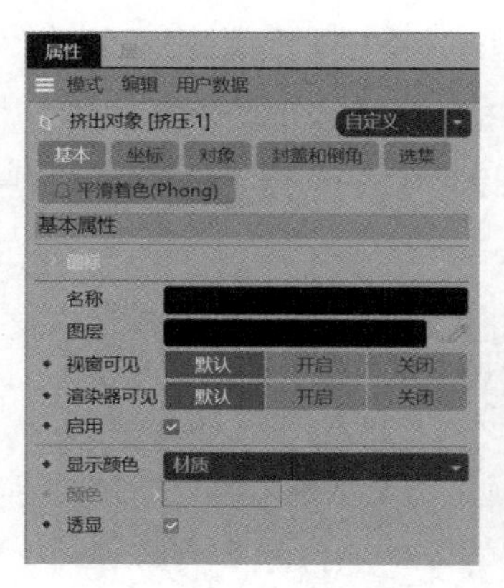

图2-34

制作立体字

长按工具栏中的蓝色 T 按钮，在下拉菜单中单击并创建【文本】生成器。在属性【文本样条】对话框中输入主题文字，【对齐方式】设置为中对齐，【字体】选择粗一些的标题字体。在【封盖和倒角】标签下设置倒角【尺寸】为 1cm，这样立体字的基本形状就做好了。把立体字移动到云元素的前方，如图 2-35 所示。

图2-35

复制两组立体字，增大其中一个 Z 体字的倒角尺寸，并勾选【外侧倒角】，把这个立体字向 Z 轴正方向移动一些距离；另一个同样勾选【外侧倒角】，继续加大倒角尺寸，再次向 Z 轴正方向移动一些距离，做出三层立体字的效果，如图 2-36 所示。

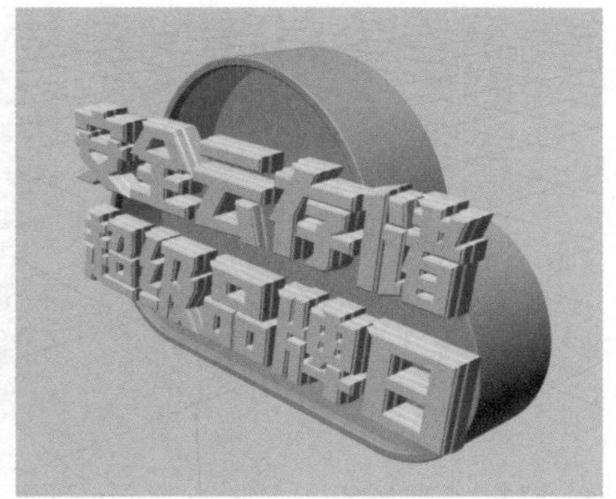

图2-36

使用同样的方法制作促销文字，复制立体字，在【属性】中改变【文本样条】中的文字为“全程直降 12 期免息”，如图 2-37 所示。

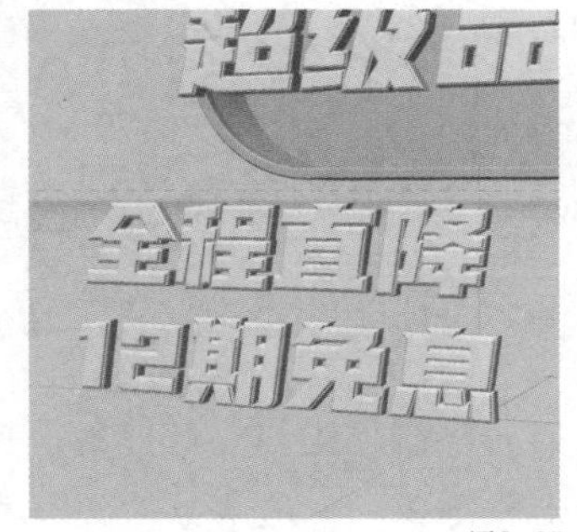

图2-37

制作电脑元素

给促销信息的立体字做一组电脑元素作为背景。创建两个【立方体】图形，设置尺寸为显示器比例，利用前后两层做出显示器的边框效果。再使用【样条画笔】工具绘制一段小尖角，创建一个【半径】为 2.6cm 的圆环样条，在它们的父级位置创建【扫描】生成器，做出小尖角的管道，然后多次复制并旋转尖角管道，给显示器四个角都放上小尖角元素，如图 2-38 所示。

在显示器下方设计主机元素。创建【矩形】样条，勾选【圆角】，再在样条的父级位置创建【挤压】生成器，向 Y 轴正方向挤压出厚度来，做出主机的外形。接下来长按工具栏中的蓝色立方体图标，在下拉菜单中单击创建【油桶】对象，调整【油桶】的尺寸至“按钮”大小，之后再复制两个，做出一排按钮的样式，将其移动至主机左边缘，如图 2-39 所示。

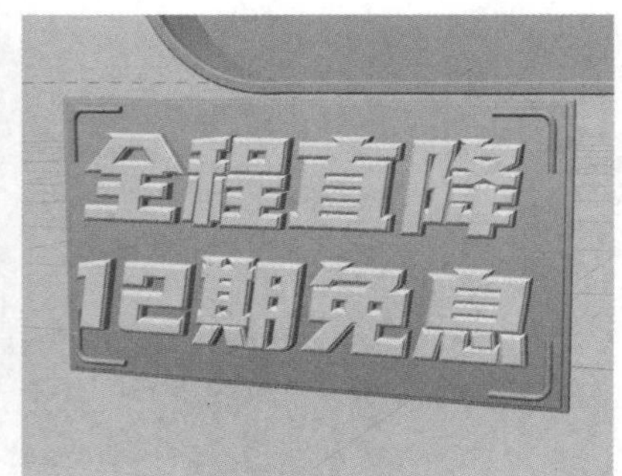

图2-38

图2-39

接着来制作键盘。底座部分使用勾选了【圆角】的矩形样条挤压而成，挤压厚度根据需要设置，整体不要高过主机即可，如图 2-40 所示。

图2-40

按键部分是先制作单体按键，然后横向复制出一排，调整数量和位置，再纵向复制出 5 排，几个特殊尺寸的按键单独用立方体制作，比如空格键、Tab 键等，这样键盘就有了细节变化。根据需要复制键盘按钮，调整间距和数量，把键盘的细节都做出来，如图 2-41 所示。

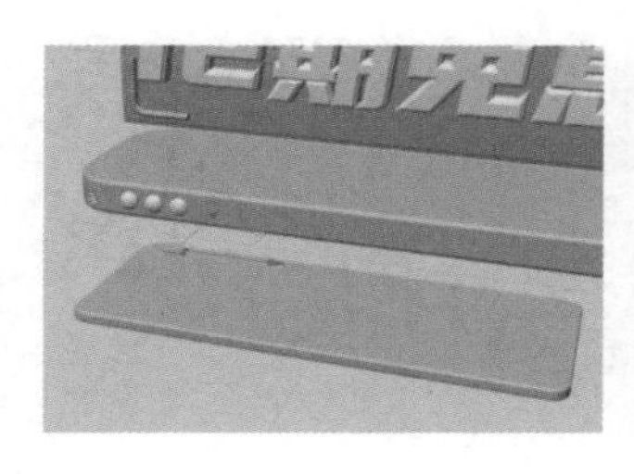
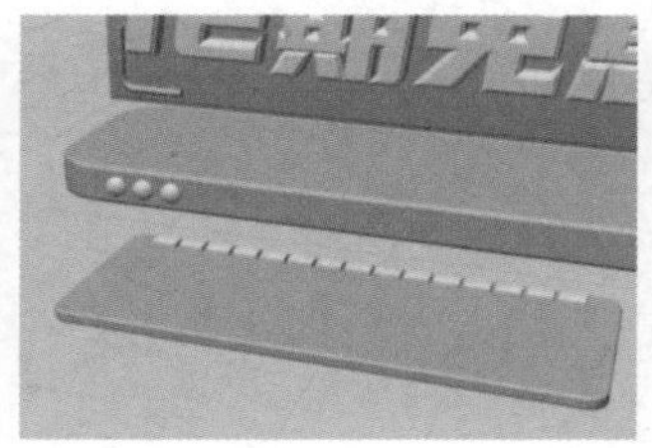

图2-41

绘制盾牌底座并制作装饰细节

按【F2】键打开顶视图，使用【样条画笔】绘制盾牌图形。将视图模式切换到【点】模式，长按工具栏的箭头图标，在下拉菜单中单击激活【框选】工具，拖曳鼠标，选中盾牌图形上端的两个向内凹的角，单击鼠标右键并选择菜单中的【倒角】工具，在视图窗口空白处按住鼠标左键并拖曳，可以看到选中的两个角变平滑了。用这个方法将简单图形中所有的尖角变平滑，这样基础的盾牌样条就绘制好了，如图 2-42 所示。

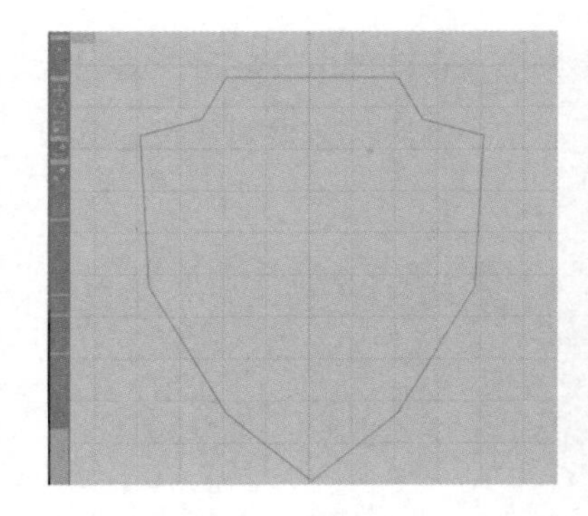
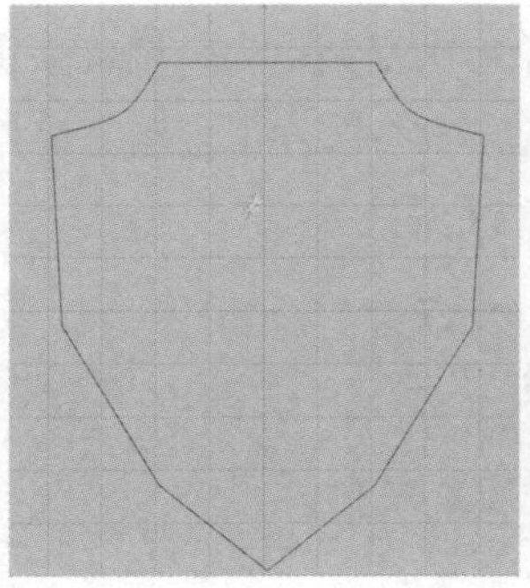
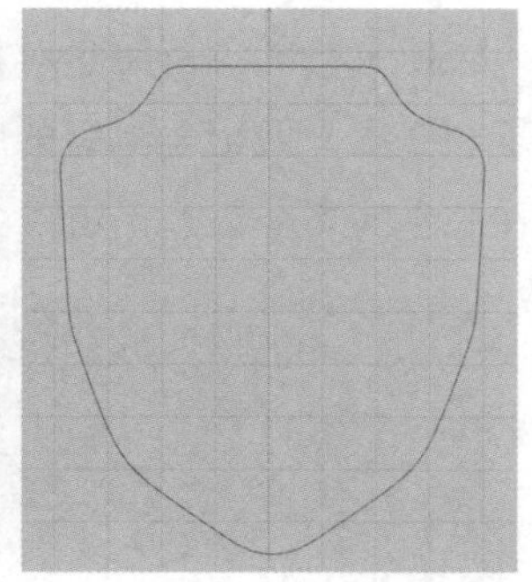

图2-42

把盾牌样条移动到场景中的电脑下方，调整大小和位置，然后向 Y 轴正方向挤压出一点厚度，做出盾牌底座。

复制并移动盾牌样条，再用小圆环样条扫描出模型，做出围栏扶手的样式。

再次复制一个盾牌样条，然后创建一个小的【圆柱体】对象，使用【克隆】工具的对象模式，把小圆柱体复制到盾牌样条上，做一圈小护栏，整体底座的形态就出来了，如图 2-43 所示。

图2-43

接下来按照草图规划，在底座上制作更多的电脑元素。

将之前制作的主机对象复制出来，改变尺寸，做出硬盘大小，移动到电脑的右侧，再向上复制 2 次，做成一组硬盘的样式，如图 2-44 所示。

图2-44

把主机的【挤压】对象再次复制出来，调整为正方形，移动到电脑左侧，再向上复制 2 次，做出电池组的底座部分。在电池组上面用非常小的圆柱体做螺丝钉，分布在底座的 4 个角上，如图 2-45 所示。

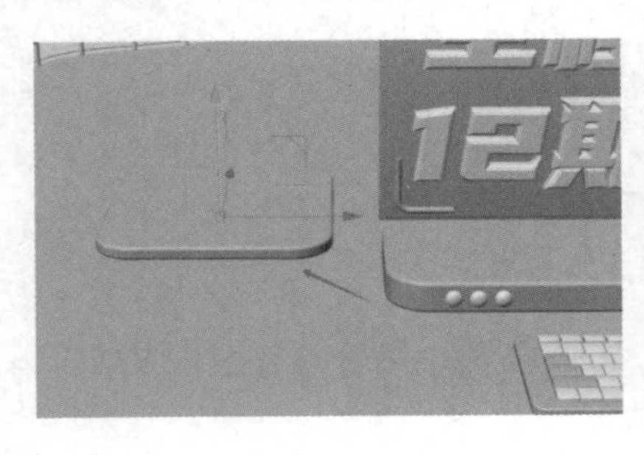
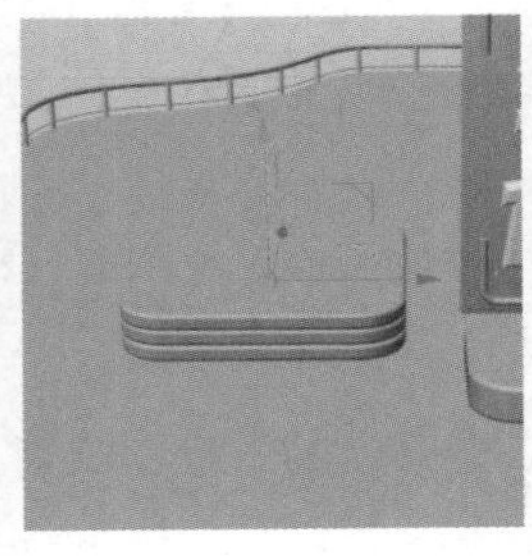
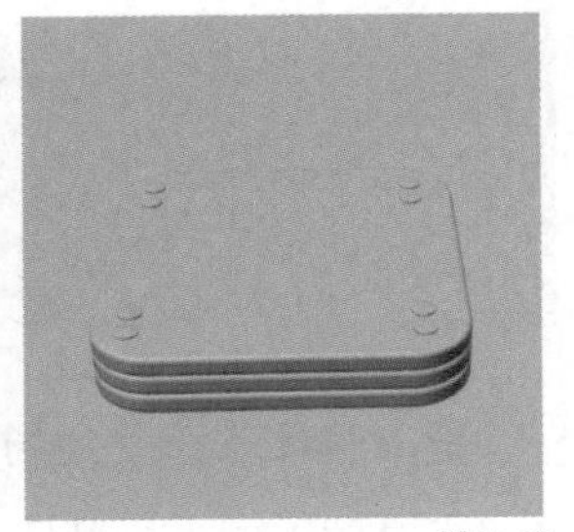

图2-45

使用多个【圆柱体】，调整其尺寸和高度，作为电池芯和顶盖，并将其放置于底座中心。对于最外层的圆柱体，可以勾选【属性】面板中【基本】标签页的【透显】，这样就可以预览内部了，如图 2-46 所示。

接下来制作一些数据线元素将这几个电脑元素连接起来。按【F2】键切换到顶视图，使用【样条画笔】来绘制数据线样条，把硬盘元素、电池元素和主机元素连接起来。尽量绘制直角，然后使用【倒角】把直角变平滑，再用【扫描】生成器做出线体模型，如图 2-47 所示。

图2-46

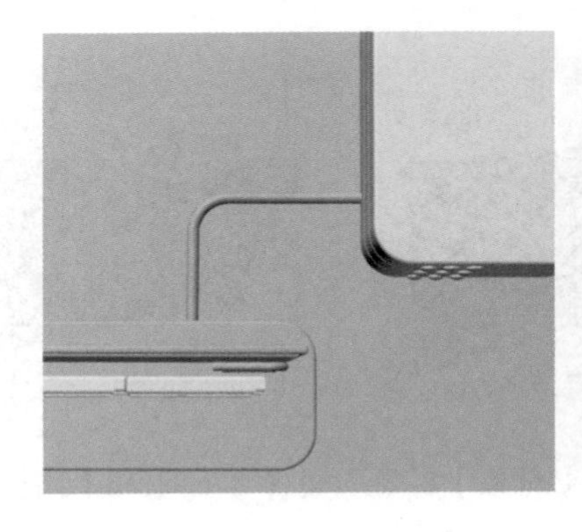 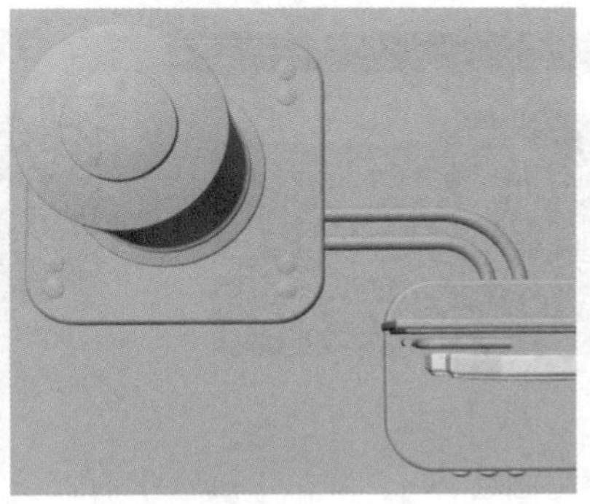

图2-47

主机和云元素部分需要按【F3】键切换到右视图中绘制样条，然后用【扫描】生成器制作出模型。多复制几条出来，做成一组线缆的样式。

最后，复制一个制作好的大云模型，使用缩放工具将它缩小再使用【样条画笔】绘制数据线样条，最终连接到主机上，然后使用【扫描】生成器扫描出模型来，如图 2-48 所示。

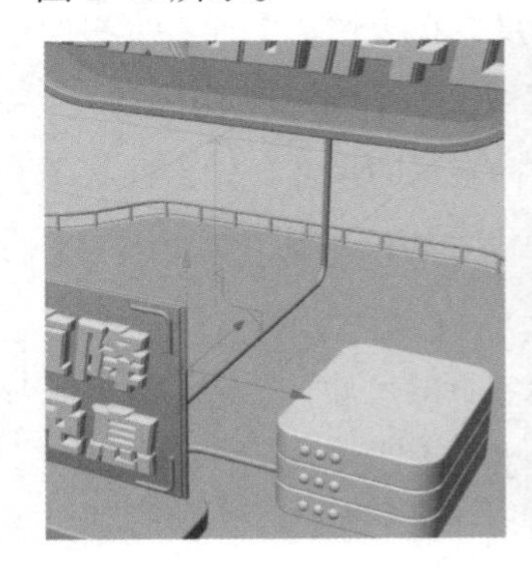 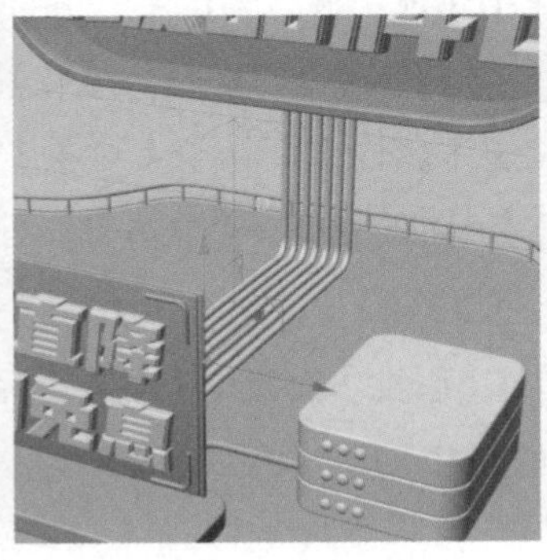 

图2-48

绘制路径，制作其他科技风格元素

为了丰富画面，可以再制作一些软件元素，如文件夹、文档、数据图等。有些图形可以在 Illustrator 中使用【钢笔】工具画出路径，再导入 C4D 作为样条使用。接下来将分别讲解这些元素的绘制思路。

使用 Illustrator 的【钢笔】工具，在画布上绘制一个文件夹样式的路径，将所有的转角都设置成圆角，填充深灰色，导出为 AI 格式文件，再把这个文件拖入 C4D，更改【对象】标签页中的【挤出深度】，增加【封盖和倒角】标签页中的【圆角尺寸】，文件夹路径就挤压出厚度来了，如图 2-49 所示。

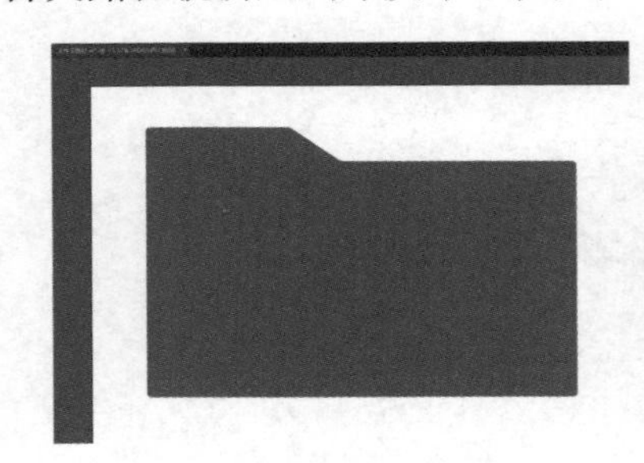
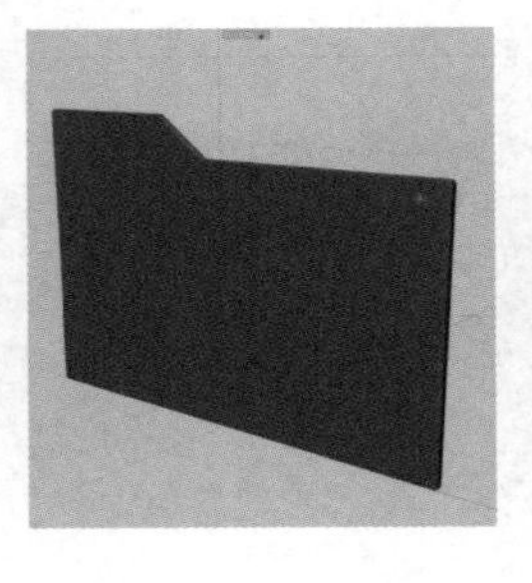
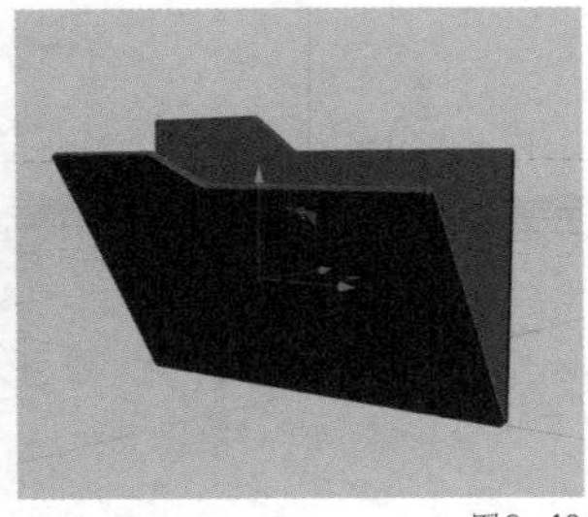

图2-49

创建【圆柱体】，调整【属性】面板中【对象】标签页的【半径】和【高度】，做出饼状图的样式，增加【旋转分段】的数值，勾选【圆角】，这样边缘才会平滑。将饼状图移动到文件夹后方。

创建【管道】，调整【属性】面板中【对象】标签页的【外部半径】和【内部半径】，做出环状图样式，同样增加【旋转分段】数值，勾选【圆角】，将其移动到文件夹上方。

原位复制环形图对象，在【属性】面板更改半径和高度，在【切片】标签页中勾选【切片】，设【起点】为 0° 、【终点】为 180° ，这样就做出了半圈的环形图。

创建【立方图】对象，调整【属性】面板中【对象】标签页的尺寸，做出柱状图的一个立柱样式，勾选【圆角】，向下复制一个立方体，使尺寸加长，做出 2 个横向的柱状图，以此作为文件上的文字段落。

创建【立方图】对象，调整【属性】面板中【对象】标签页的尺寸，勾选【圆角】，做出薄薄的文件样式。在它的子级创建【FFD】变形器，将视图切换到【点】模式，调整紫色 FFD 的调整框，使纸张变成弯曲状。

创建【圆环面】对象，调整【属性】面板中【对象】标签页的【圆环半径】和【导管半径】，做出一圈细窄的圆环。增加圆环的【圆环分段】和【导管分段】，使模型表面更平滑，移动这个圆环使其环绕文件夹。这样文件夹元素组就做好了，如图 2-50 所示。

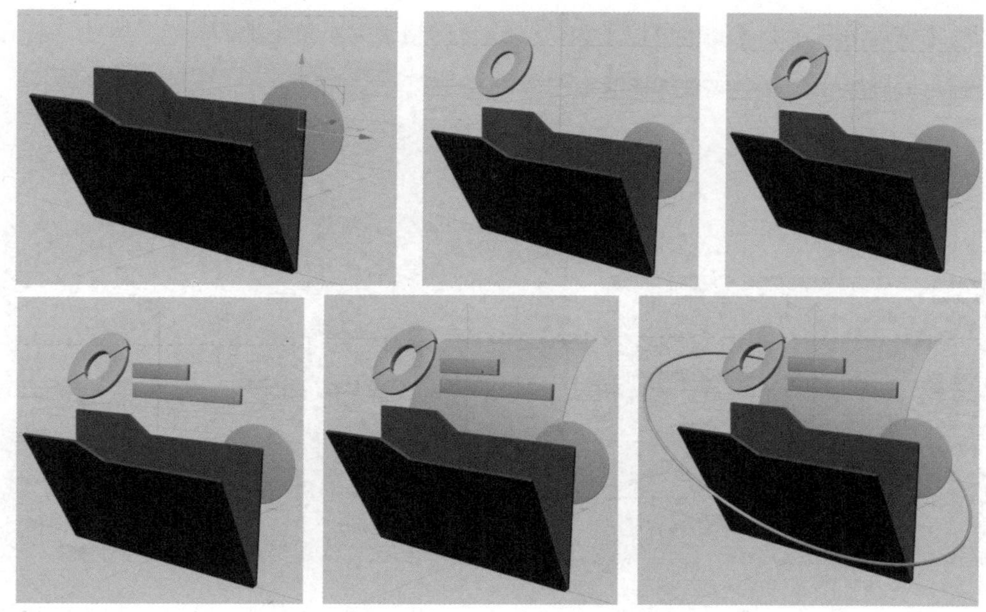

图2-50

把软件元素组移动到电脑屏幕和主题字的中间，给画面做出层次感，注意不要过多遮挡主题文字，如图 2-51 所示。

图2-51

制作科技感地面

创建【平面】对象，增加【属性】面板中【对象】标签页的【宽度】和【高度】，调整【宽度分段】和【高度分段】为 70，这里的格子大小就是地面花纹的大小。将它移动到盾牌底座下方当成场景地面，如图 2-52 所示。

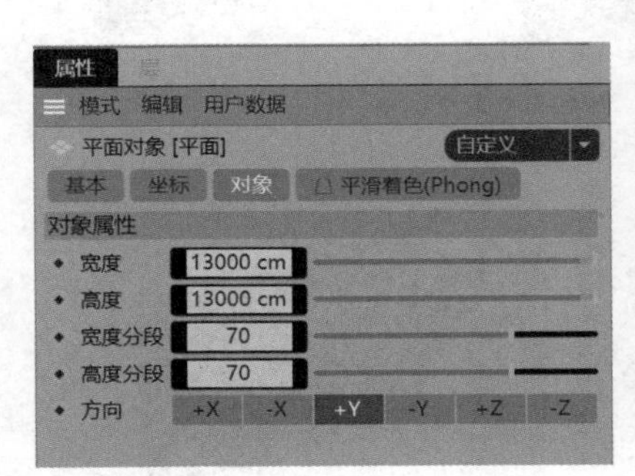

图2-52

添加【运动挤压】变形器，将其拖入【平面】对象的子级中，在【属性】面板修改【对象】标签页中的【变形】为【从根部】，【挤出步幅】为 1。在【变换】标签页中更改【位置 . Z】为 1cm，【缩放 . X】【缩放 . Y】和【缩放 . Z】均调整为 0.98，这样就为平面的每个分段面都挤压出 1cm 的高度。

选中【运动挤压】对象，创建【效果器】的【着色】，在【属性】面板【着色】标签页的【着色器】中添加【噪波】着色器，此时会根据噪波黑白信息调整挤压高度，做出随机样式，如图 2-53 所示。

地面上需要装饰一些蜂巢图案，为此创建【多边】样条，在【多边属性】面板更改【对象】标签页的【侧边】为 6，做出六边形样条。把六边形样条向 Y 轴正方向挤压出厚度，并设置圆角数值，使转折变平滑，如图 2-54 所示。

图2-53

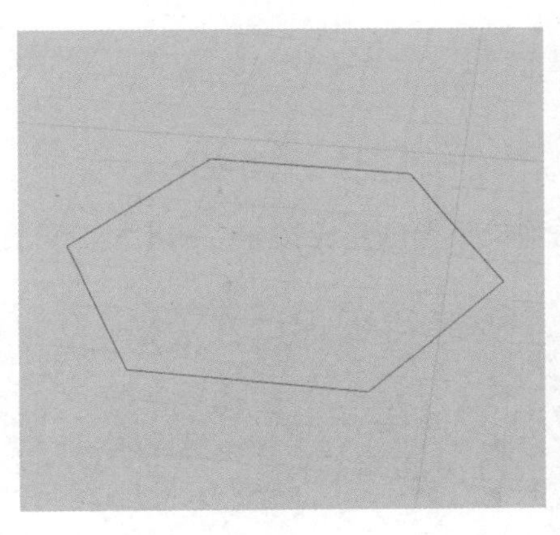

图2-54

接下来把六边形做成蜂巢的样式，使用克隆生成器的【蜂窝】模式，调整数量和尺寸，做出中间有些间隔的蜂巢图案。接着，向上多复制几个六边形挤压对象，并改变挤压偏移值，使六边形高度呈现一些变化，如图 2-55 所示

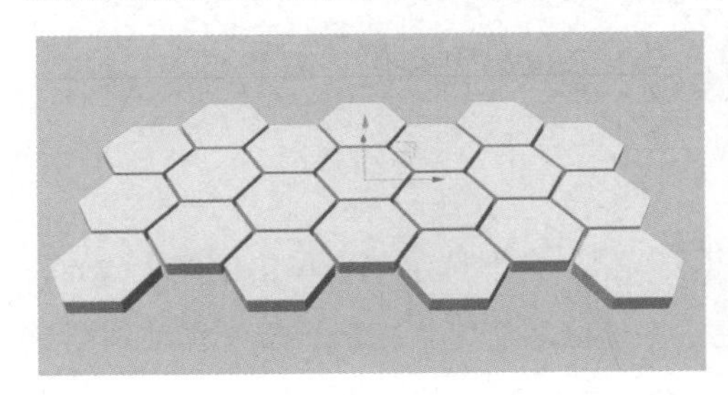

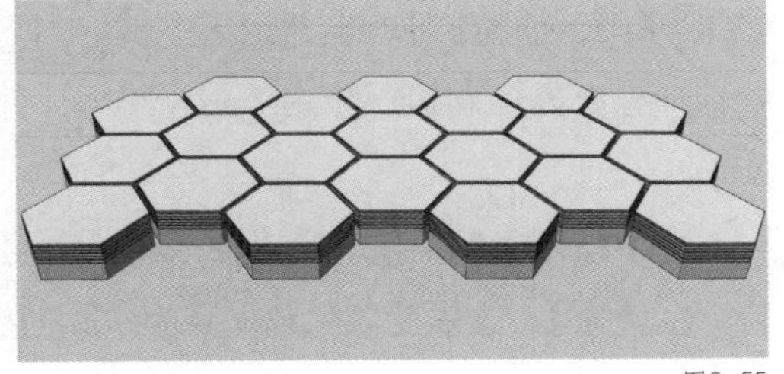

图2-55

再次复制丰富好的蜂巢图案，移动到场景中，做出不规则的样式，如图 2-56 所示。

图2-56

给场景布光

打开 OC 渲染器，进行渲染设置。单击渲染设置的齿轮按钮，在【核心设置】标签页下使用【路径追踪】模式，将【最大采样】设置为至少 2000，勾选【自适应采样】，并添加【Octane 摄像机】，做出景深效果，如图 2-57 所示。

图2-57

单击 OC 视窗顶部的【对象】菜单中的【Octane 环境标签】，在属性【纹理】位置添加一张户外 HDRi 贴图，给场景添加蓝色的天空，且光源处于右边，如图 2-58 所示。

选中标题文字，单击【对象】菜单中的【灯光】，在下拉菜单中单击创建【Octane 目标区域光】，这样就以标题文字为中心创建了一盏区域灯光。把区域灯光移动到场景的左侧，调整灯光尺寸，使其能够照亮文字部分，再复制一盏灯光，移动到场景后方远一些，把背景也照亮，如图 2-59 所示。

图2-58

图2-59

为场景添加材质，并渲染出图

创建【Octane 反射材质】，双击材质球打开【材质编辑器】，更改【漫射】通道的颜色为浅蓝色，把这个材质赋予地面对象，给画面整体奠定蓝色基调。

创建【Octane 金属材质】，双击材质球打开【材质编辑器】，在【镜面】通道改变金属颜色。为区别于画面的浅蓝色，把这个材质赋予蜂巢顶面、扶手栏杆、数据线、云外壳和电池等金属部分，此时有了金属材质的加持，画面的科技感就显现出来了，如图 2-60 所示。

图2-60

单击【材质】菜单中的【创建】，在下拉菜单中单击创建 3 个【Octane 玻璃材质】，分别更改【传输】颜色为相近的浅蓝色，适当增加【粗糙度】通道的数值，可以做出不同样式的磨砂玻璃材质，然后把它们赋予屏幕外框、文件、饼图、环形图、电池外壳和小云元素等，如图 2-61 所示。

图2-61

再制作一些纹理材质，丰富画面。首先复制一个浅蓝色的【Octane 金属材质】，打开【材质编辑器】，在【法线】通道添加一张纹理法线图，做出带纹理起伏效果的金属材质，赋予盾牌底座。

再次复制一个光泽度材质球，在【纹理】位置添加【渐变】节点，在渐变颜色中，调节出上浅下深的蓝色渐变材质，再把它赋予纸张、硬盘和蜂巢底座，如图 2-62 所示。

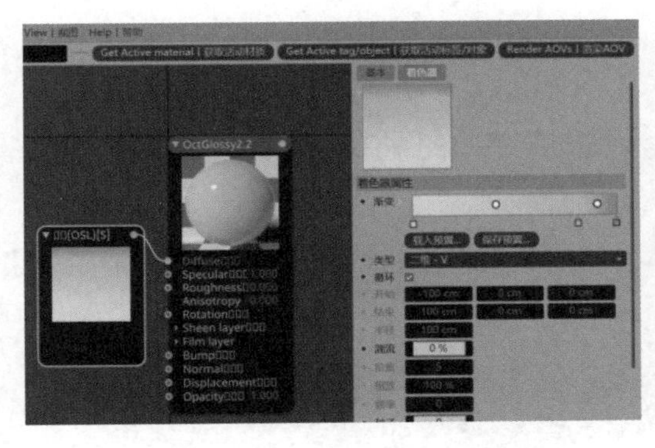

图2-62

塑造科技风格的画面的另一组重要材质就是发光材质，单击【材质】菜单的【创建】，在下拉菜单中单击创建一个【Octane 漫射材质】。双击打开材质球，打开【材质编辑器】，在【发光】通道的【纹理】处添加【c4doctane】→【纹理发光】节点。打开节点，在【纹理】和【分配】处添加【颜色】节点，调节一个暖黄色的灯光，将【功率】降低到1.3。复制漫射材质，更改发光颜色为浅蓝色，【功率】设为1.9，给主题文字、促销文字和场景中的电池柱状图等添加不同的发光材质，根据模型大小调整发光的【功率】，使发光效果恰到好处。

再复制一个浅蓝色发光的材质球，在【透明度】通道的【纹理】处添加一张黑白纹理贴图，做出透明发光效果，把它赋予大云对象的正面玻璃，做出具有科技感的纹理。确保给所有模型都赋予材质后，就可以渲染出图了，如图2-63所示。

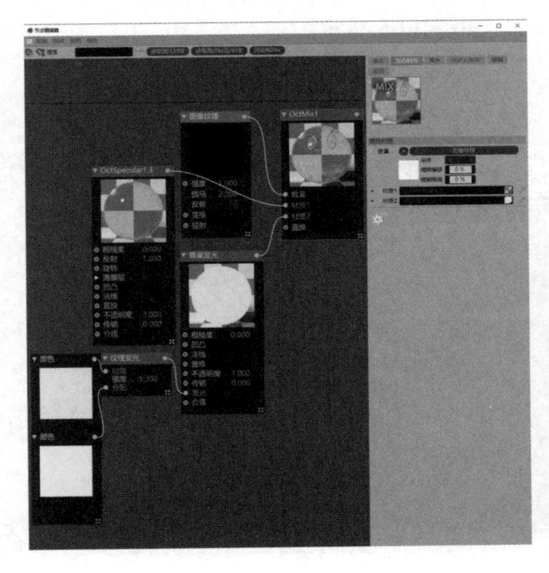

图2-63

使用 Photoshop 制作后期效果

在 Photoshop 中打开渲染图，使用【滤镜】菜单中的【Camera Raw 滤镜】，调整画面的清晰度和饱和度并添加暗角效果。

在【基本】标签页中，调整画面整体的明暗关系，主要调整【对比度】【清晰度】和【去除薄雾】等，如图 2-64 所示。

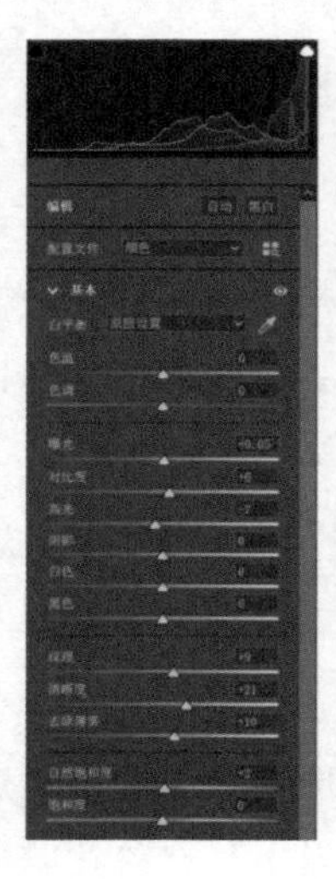

图2-64

单击【效果】，打开效果标签页，调整【晕影】为 –16，给画面添加四角变暗的效果，这样可以引导用户视线聚焦在画面中心，如图 2-65 所示。

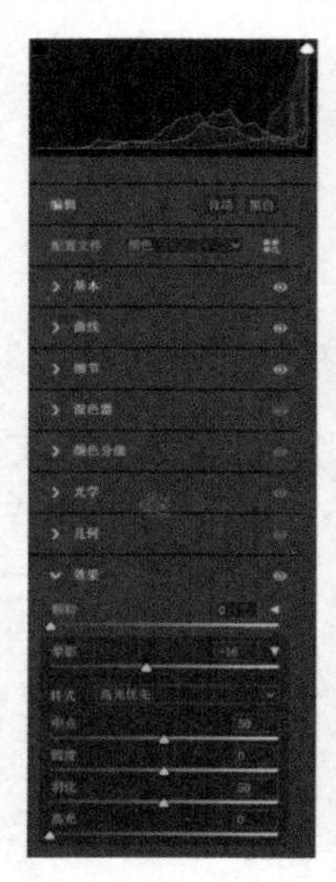

图2-65

展开【细节】，增加【锐化】至33，让画面更为清晰，这样后期效果就制作完成了，如图2-66所示。

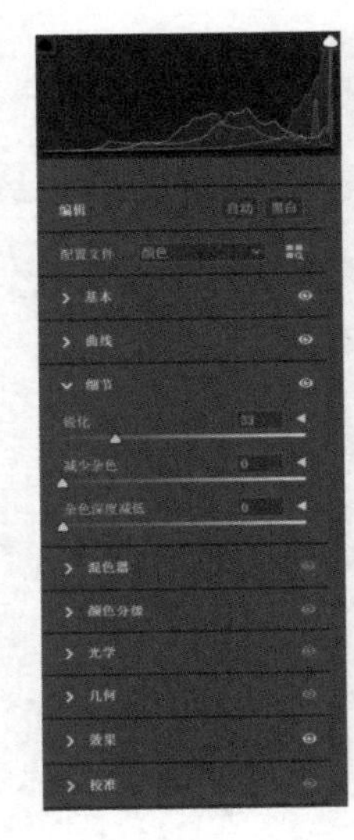

图2-66

调整完成后，保存文件并打包交付文件。

在C4D中选择【文件】菜单中的【保存工程（包含资源）】，就可以保存C4D格式工程文件（.C4D）和tex纹理贴图文件夹了。

在Photoshop中选择【文件】菜单中的【存储（S）】，就可以保存PSD格式的后期文件。

把所有文件一起保存到新文件夹中，并将文件夹命名为“uu_云储存超品日KV_20230701”（你也可以根据需要更改名字和日期），就可以交付工作了，如图2-67所示。

uu_云储存超品日KV
_20230701

tex

name_云储存超品日KV
_20230701.jpg

name_云储存超品日KV后期
_20230701.jpg

name_云储存超品日KV后期
_20230701.psd

图2-67

【拓展知识】

知识点 切换工具的快捷方式

C4D 是一款非常强大的三维软件，使用快捷键，可进一步提高工作效率，其中最为常用的就是热盒，利用它可以快速切换到多种命令。

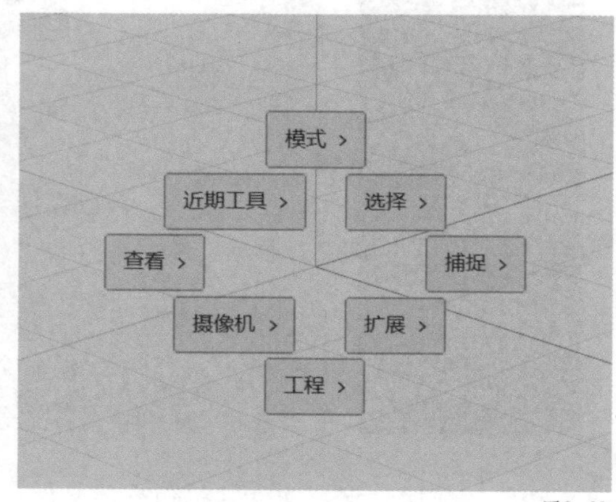

图2-68

调用 C4D 的热盒，只需要按住【V】键，鼠标指针位置就会呈现一个动态菜单，其中包含常用的工具和命令。热盒的菜单内容是根据用户当前的操作环境动态生成的，它会根据所选工具、模式和操作改变选项的内容，默认情况如图 2-68 所示。

【模式】按钮用来打开【视窗独显】工具组，它可以使选中的模型对象快速地在视窗中单独显示出来，如图 2-69 所示。

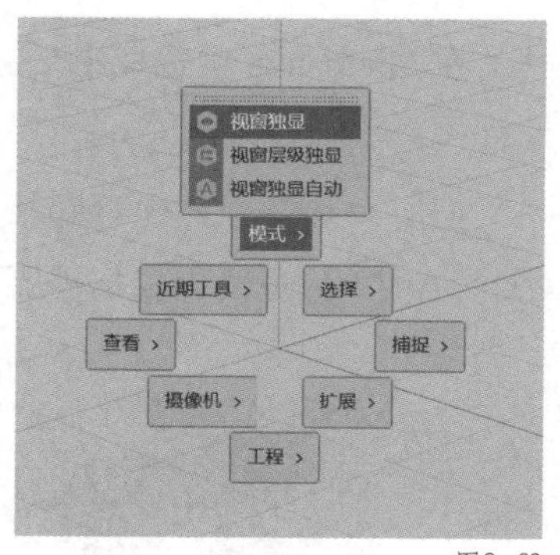

图2-69

【选择】的子菜单是 C4D 的选择工具组，如图 2-70 所示，其用于选择和编辑场景中的模型对象。该工具组可以选择特定的对象、面、边或顶点，以便进行后续的操作和编辑。【选择】的子菜单中包含常用的【笔刷选择】【框选】【套索选择】和【多边形选择】等工具，还提供了一些附加选项和功能，如反选、添加选择、减少选择、快速选择类型等，帮助我们更好地控制选择的对象。

【捕捉】的子菜单中包含【启用捕捉】工具组，如图 2-71 所示。这个工具也非常好用，可在样条绘制过程中执行对齐、定位和捕捉对象的位置、边缘或顶点。捕捉功能可以提高操作的精确度和效率。

【扩展】的子菜单中包含所有用户自定义安装的扩展应用，如图 2-72 所示。

【工程】的子菜单中包含当前打开的所有工程文件，以便于快速切换不同的进程，如图 2-73 所示。

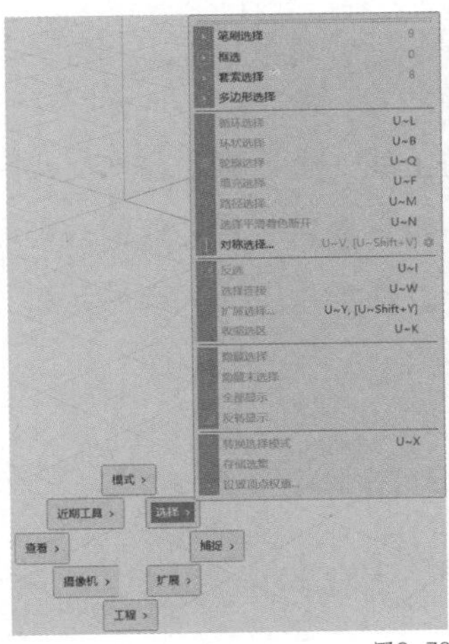

图2-70

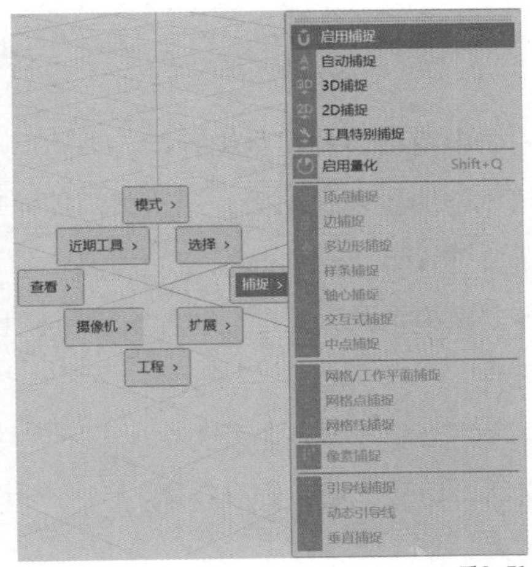

图2-71

【摄像机】的子菜单中包含摄像机相关的工具，可以快速、便捷地切换摄像机视角，以及恢复默认场景等，如图 2-74 所示。

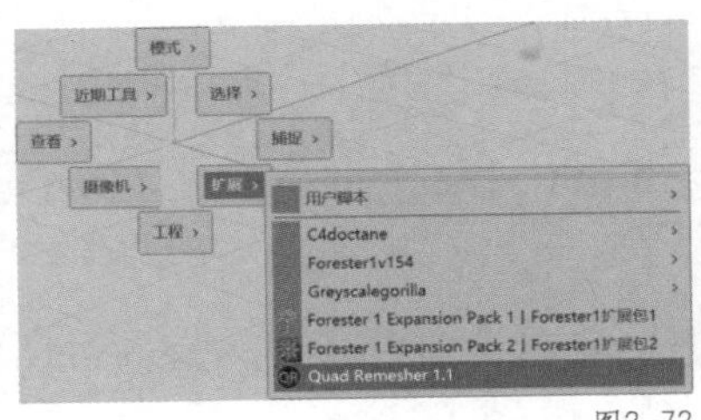

图2-72

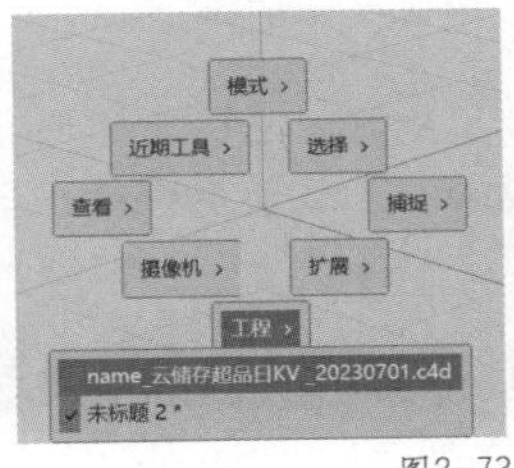

图2-73

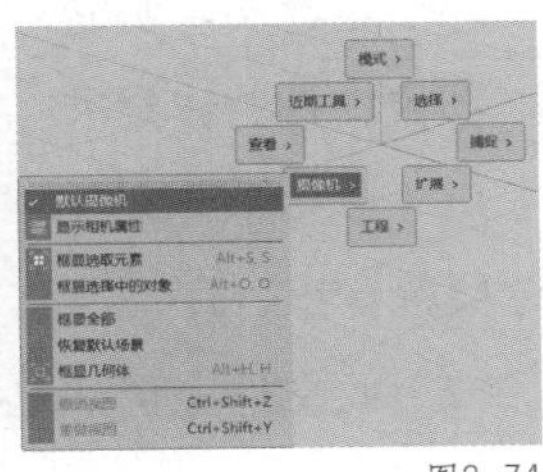

图2-74

【查看】可以调用视窗显示模式菜单，它提供了多种显示模式，以适应不同的工作需求，并可以快速切换【光影着色】和【线条】等模式，如图 2-75 所示。

【近期工具】会显示几组刚刚使用过的工具，子菜单内容会根据使用情况而实时变化，如图 2-76 所示。

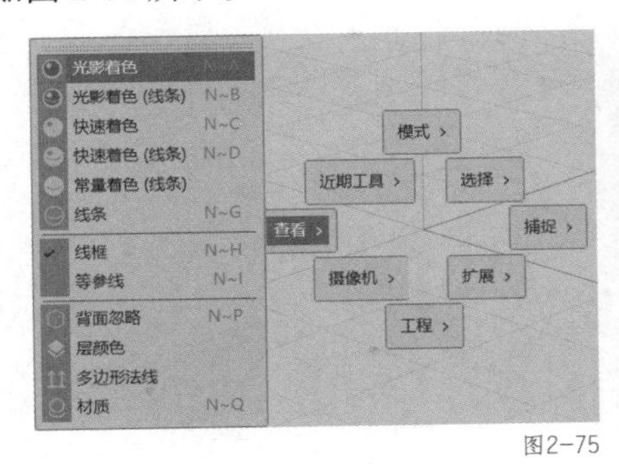

图2-75

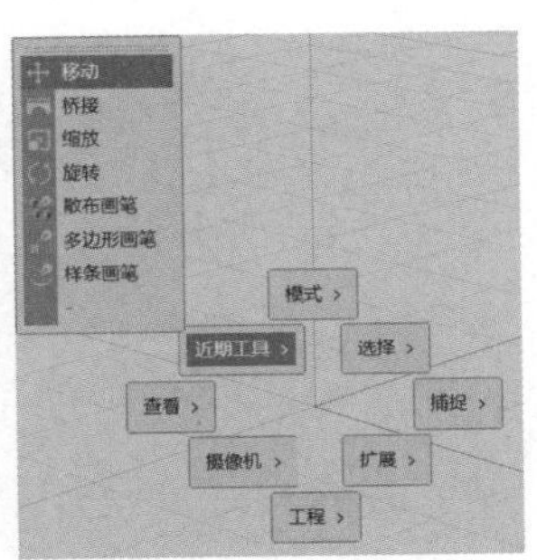

图2-76

【作业】

你是一名**电商平台的视觉设计师**，公司即将上线一个云服务器产品集合页面，需要一张科技风格的主视觉画面，运营部门的同事给你提供了相关促销内容和产品特点等信息，需要你设计一个科技风格的虚拟场景，并在场景中加入产品元素和促销卖点等信息。各方确认无误后，再把图片发给同事上架。

项目资料

主题文字：云服务器企业采购季。

促销文字：即开即用，安全存储。

项目要求

（1）科技风格，背景丰富。

（2）体现云服务器特点，免安装，数据极速传输。

（3）主题文字明显，促销文字突出。

项目文件制作要求

（1）将文件夹命名为“name_ 云服务器企业采购季 KV_date”（name 代表你的姓名，date 要包含年、月、日）。

（2）此文件夹包括 C4D 渲染后的 JPG 格式文件、经 Photoshop 后期处理的 JPG 格式文件、C4D 格式工程文件、包含 tex 贴图的文件夹、PSD 格式文件。

（3）尺寸为 1125 px × 800px，颜色模式为 RGB，分辨率为 72ppi。

完成时间

8 小时。

【作业评价】

序号	评测内容	评分标准	分值	自评	互评	师评	综合得分
01	构图	是否把需求内容全部合理地安排到画面中	20				
02	配色	配色是否符合风格需求； 配色是否符合平台需求	20				
03	建模	是否使用了适合的工具； 布线是否均匀；外形是否平滑	20				
04	渲染效果	材质是否和画面相符； 光影分布是否合理； 主题是否突出	20				
05	后期呈现	是否改善了画面效果； 是否突出了主体内容	20				

注：综合得分 =（自评 + 互评 + 师评）/ 3

项目3

写实风格产品海报设计

写实风格商业设计是一种注重真实、逼真和精确表达的设计。它常用于商业广告、商详头图、产品包装、插画和市场推广等领域。通过学习本项目的写实风格产品海报设计，读者将掌握C4D多边形建模知识以及毛发系统的使用方法。

【学习目标】

通过产品建模过程，学习多边形建模的方法，熟悉使用C4D中的毛发系统和布料标签等工具，给产品建模并搭建真实场景。之后在OC渲染器中创建写实材质，渲染写实风格的产品海报，掌握写实风格的配色要点和电商海报构图技巧。

【学习场景描述】

你是一名**设计师**，公司需要给一款电动牙刷产品配制一张产品海报，用作市场推广的素材，**运营部门的**同事给你提供了产品的三视图，需要你进行**产品建模**并设计一个写实风格的温馨场景，在海报中加入产品描述和促销、卖点等信息。各方确认无误后，再把图片发给市场部的同事，以便于进行后续的市场推广宣传。

【任务书】

项目名称：电动牙刷海报设计。

项目资料：电动牙刷三视图，如图3-1所示。主图所需文字如下所示（实际排版中无须使用标点）。

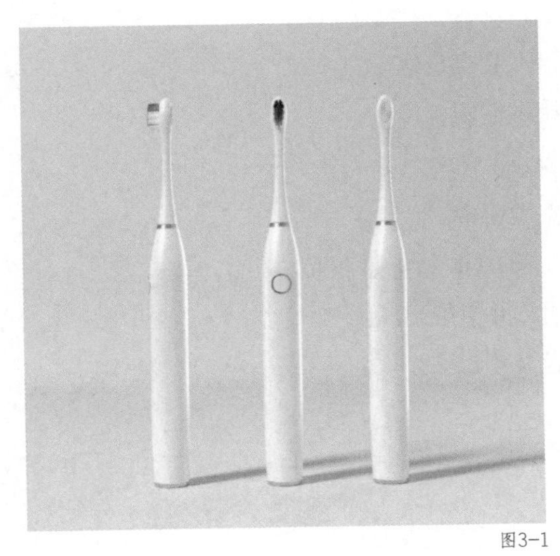

图3-1

主题文字：温柔陪伴从早开始。

副标题：4 周养成科学刷牙习惯。

卖点文字：科学刷牙，智能定时，持久续航，5 挡模式。

项目要求

（1）写实风格，体现产品真实感和温馨氛围。

（2）产品正面展示，特点清晰。

（3）主题文字明显，卖点文字突出。

项目文件制作要求

（1）将文件夹命名为“name_ 电动牙刷海报设计 _date”（name 代表你的姓名，date 要包含年、月、日）。

（2）此文件夹包括 C4D 渲染后的 JPG 格式文件、经 Photoshop 后期处理的 JPG 格式文件、C4D 格式工程文件、包含 tex 贴图的文件夹、PSD 格式文件。

（3）尺寸为 1200px × 1700px，颜色模式为 RGB，分辨率为 72ppi。

完成时间

6 小时。

【任务拆解】

1. 确定构图和配色。
2. 根据产品图给产品机身建模。
3. 使用毛发系统做毛刷。
4. 搭建基本场景。
5. 使用布料标签做窗帘。
6. 使用 OC 灯光和 HDR 给场景布光。
7. 添加 OC 材质，并渲染出图。
8. 后期光影调色并添加文字。

【工作准备】

在进行本项目前，需要巩固以下知识点。

1. 写实风格的设计要点。
2. 毛发系统的创建方法。
3. 多边形建模要点。
4. 植物素材的置入要点。
5. 布料柔体标签的使用。
6. 写实材质制作要点。
7. 光影氛围营造方法。
8. 产品后期光影调色。

如果已经掌握相关知识，可跳过这部分，开始工作实施。

知识点 1　写实风格的设计要点

使用 C4D 制作的写实风格海报，多用于产品展示，如图 3-2 所示。因此在设计画面时需要把产品呈现得更真实、清晰，这就要求产品比例大小、场景透视、光影关系、材质贴图、摄像机焦距都贴近现实中物体的样子。下面是一些在制作写实风格海报时需要注意的要点。

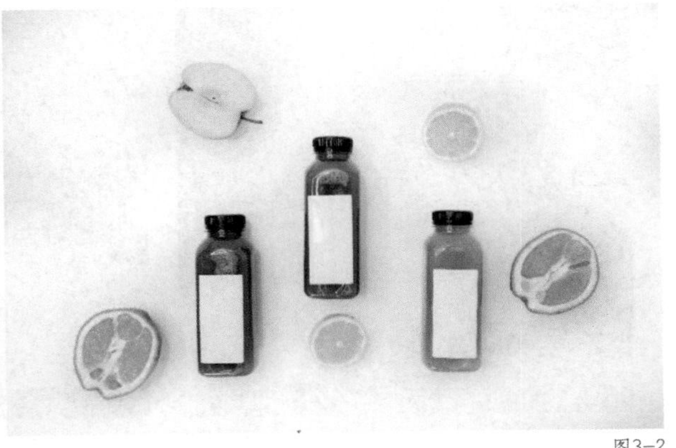

图3-2

比例与尺度：正确捕捉物体之间的比例和尺度关系对于创造逼真的三维画面非常重要。确保按照正确的比例和大小创建物体，以避免出现变形或失真的情况。

材质与纹理：创建模型材质和纹理时，需要注意不同材质的绘制技巧，如金属的光泽感、玻璃的折射率、木材的纹理与粗糙度、织物的布料纹路等。通过细致地表现材质的纹理和质感，可以增强画面的真实感，如图 3-3 所示。

图3-3

光影效果：光影是创建写实画面的关键因素之一。通过观察和理解光线的方向、强度和质感，将正确的光影效果应用到画面中。应用光影效果时要注意阴影的投射和反射，以及不同材质的光照效果。充分利用光源和阴影效果可以增强写实风格画面的立体感，比如可以通过加入植物来增强光影在场景中的效果，如图 3-4 所示。

图3-4

后期文案：商业海报不仅要注重视觉效果，还要确保信息能清晰传达。文案和图像应该相互配合，以便目标受众能够准确理解产品或服务的特点和优势，如图 3-5 所示。

图3-5

知识点 2　毛发系统的创建方法

C4D 中的毛发系统为设计师提供了丰富的工具和选项，可以创建逼真的毛发、毛皮和羽毛效果，从而在创建角色、动物、植物等模型时获得更加生动和真实的效果。毛发系统工具组可以在 C4D 中的【模拟】菜单中找到，如图 3-6 所示，展开【毛发对象】子菜单，单击【添加毛发】选项即可创建。

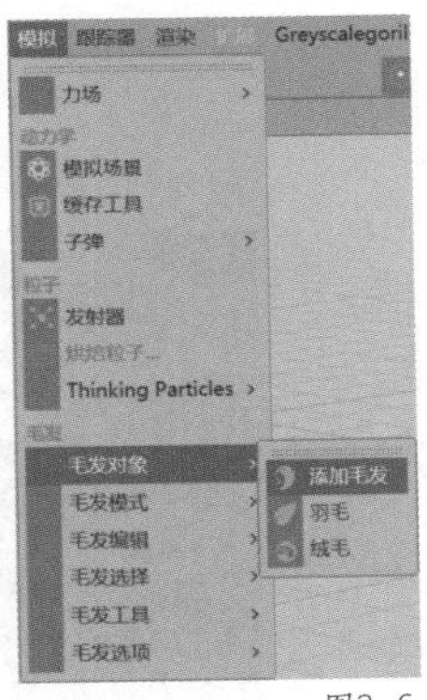

图3-6

单独创建毛发是看不到效果的，毛发要依附于模型表面的多边形，并且根据多边形法线的方向生长。所以要先创建一个基本模型，再创建毛发，比如先创建球体，再创建毛发后就可以看到球体的每个多边形面上都有一条引导线了。默认毛发生长的【发根】位于【多边形顶点】，毛发的数量由多边形的顶点数量决定。也可以根据需要单击【多边形区域】按钮，这样就可自定义数量了，如图 3-7 所示。

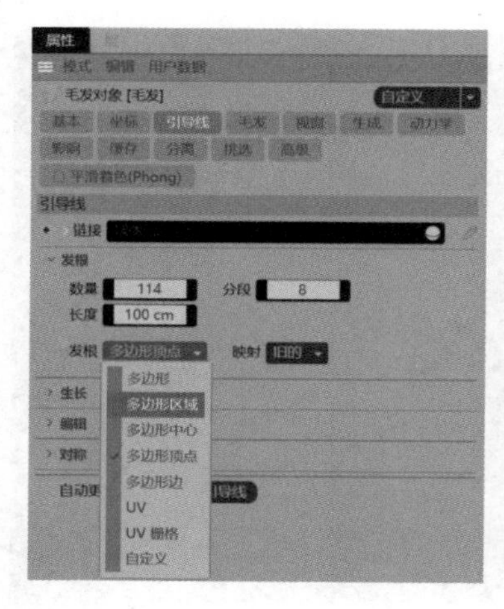

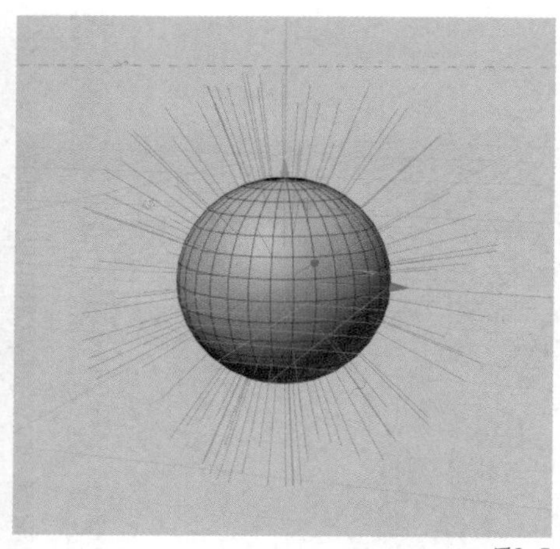

图3-7

毛发系统还支持动力学模拟。单击视图底部的【播放】按钮就可以看到毛发受到重力影响而下坠。除此之外，毛发还可以与其他物体交互和碰撞，也可以模拟随风摆动、受重力影响或在物体表面接触时弯曲的效果。这个动力学效果可以在【属性】面板的【动力学】标签页下启用或关闭，如图 3-8 所示。

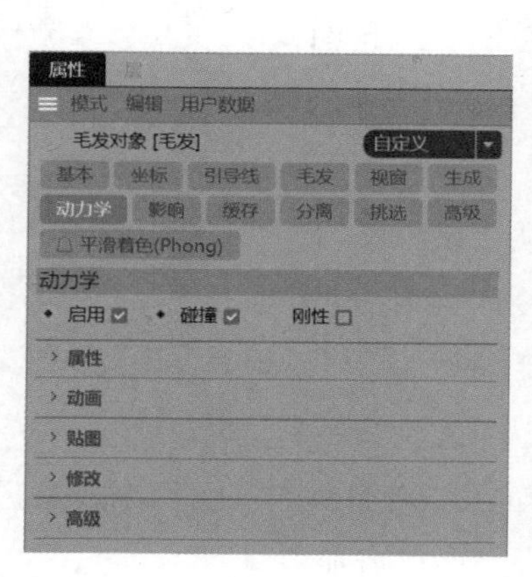

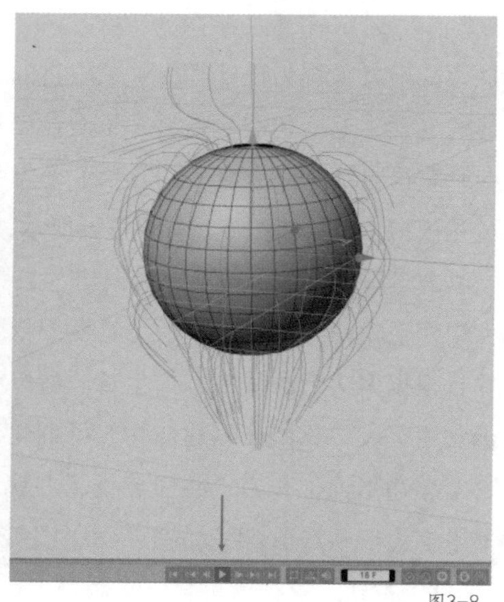

图3-8

【模拟】菜单的【毛发对象】子菜单中还包含【羽毛】和【绒毛】两个毛发工具。创建羽毛之前需要先创建一段样条，添加【羽毛】和【绒毛】的效果如图 3-9 所示。

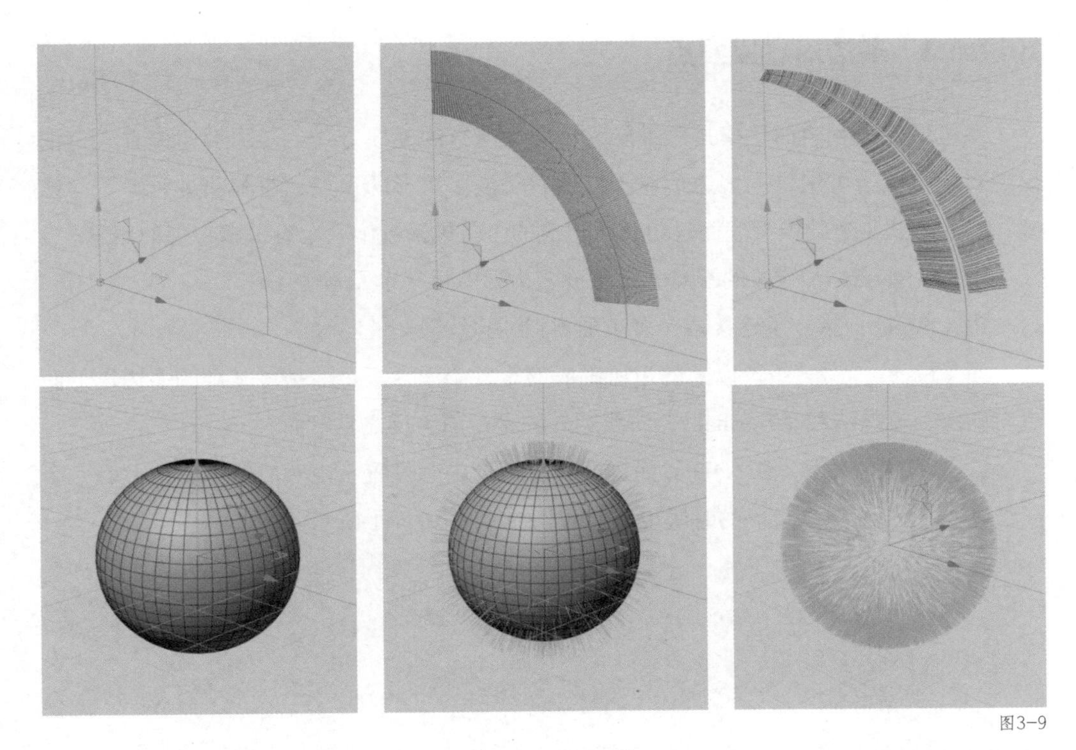

图3-9

毛发系统还支持调整毛发的外观。打开【材质编辑器】面板，能够看到毛发材质的相关通道，通过调整【背光颜色】【粗细】【长度】【卷发】和【波浪】等选项，可使毛发呈现不同效果，如图 3-10 所示。

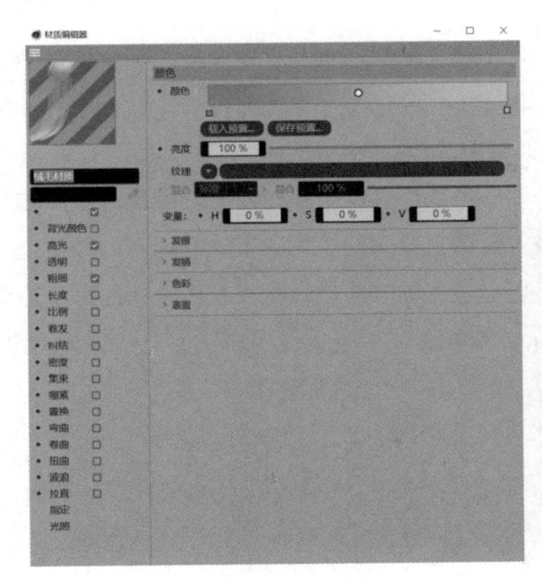

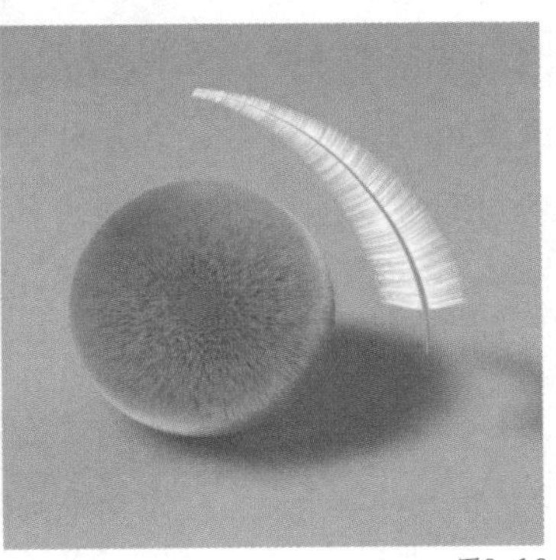

图3-10

知识点 3　多边形建模要点

多边形建模和曲面建模是三维软件中两大流行的建模方式。多边形建模方式是把模型对象转化为可编辑的多边形对象，然后对该多边形的顶点、边和面进行编辑和修改，以此方式创建的模型表面是由直线组成的。首先来理解几个有关多边形的概念。

顶点（Vertex）：线段的端点，是构成多边形的最基本元素。

边（Edge）：指一条连接两个多边形顶点的直线段。

面（Face）：由三条及以上的边所围成的是一个面，三边面是最基础的多边形。面也有朝向，就是法线（Normal），法线朝外的是正面，反之是背面。

这三个基本元素，在 C4D 界面视图窗口顶部中心位置，也对应着点、边、面三个层级，编辑多边形的时候可以对应切换，如图 3-11 所示。

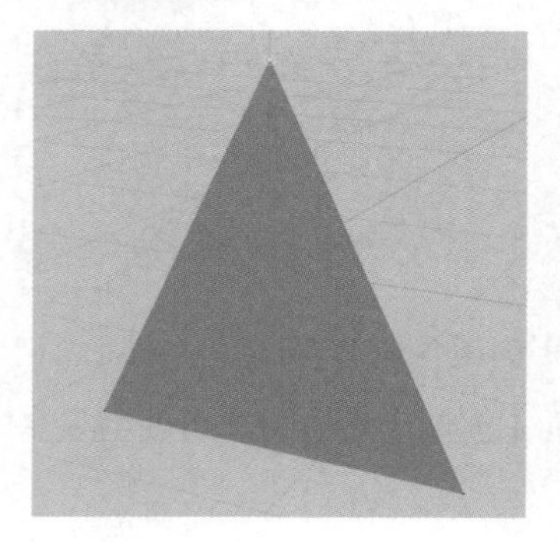

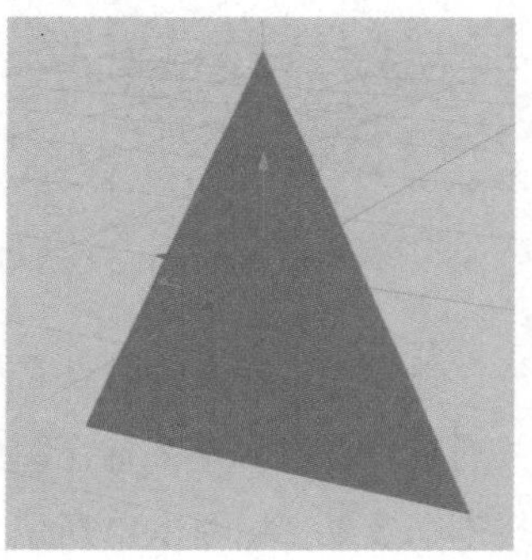

图3-11

多边形建模方式的可控性很强，在创建复杂表面时，可以在细节部分任意添加线段，也可以创建结构穿插关系更复杂的模型。

接下来讲解一些关于多边形建模的基本技巧。

创建四边面：虽然三边面是最基础的多边形，但是在建模时，创建四边面才更高效，因为在多边形中，每条边的切线方向由它对面的边所决定，三边面的每条边的对面有两条边，五边面的每条边的对面也不是有唯一的边，而只有四边面的每条边分别对应着对面唯一的边，如图 3-12 所示。也就是说，四边面的切线方向是完全确定的，这样在配合使用细分曲面和变形器的时候都会有比较好的效果。

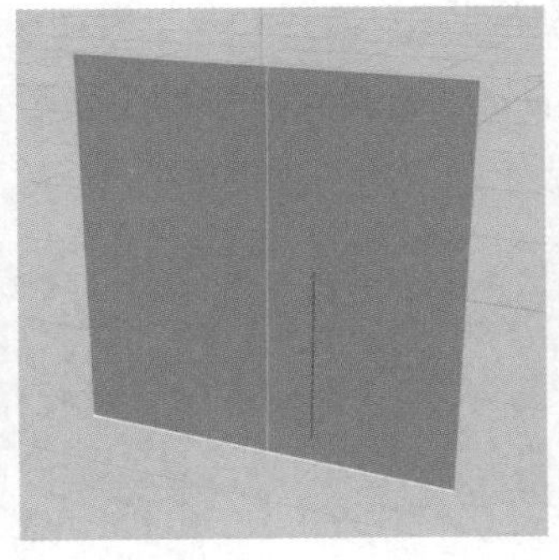
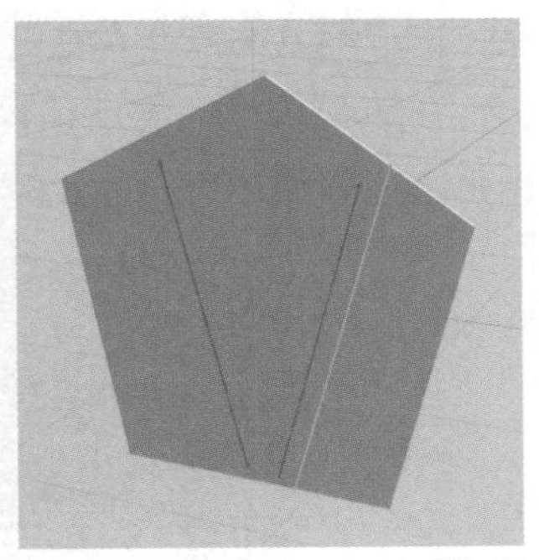

图3-12

转折和弧面避免出现极点：极点是指多边形网格上连接多于或少于 4 条边的顶点，当模型中有三角面或 N-gons 线时，通常会形成极点。极点周围在细分或平滑的过程中会有挤压变形，所以在弧面或转折位置尽量避免出现极点，或将其转移到平面位置。

在平面中，布线方式的不同不会造成太大的影响，有极点时，渲染效果不是很明显。而一旦使用变形器使平面弯曲，极点附近就会发生不可控的变形，加入细分曲面后凹凸不平的感觉就会更加明显，如图 3-13 所示。

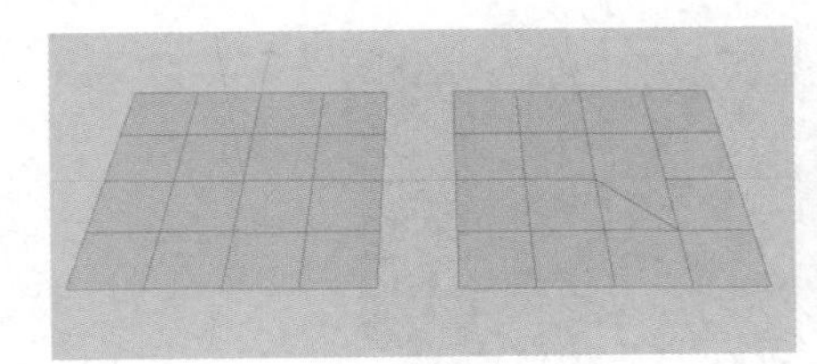
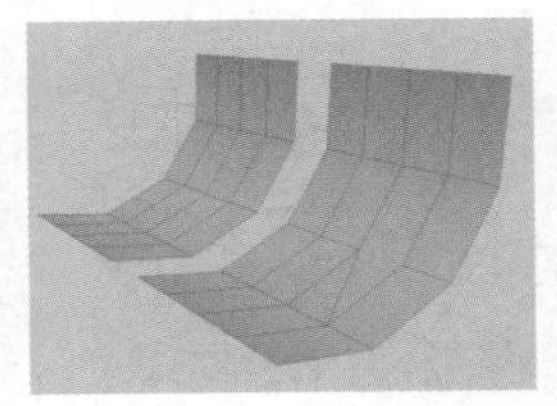

图3-13

卡边的方法：在 C4D 建模时，通常会使用尽量少分段的低精度模型来编辑修改，完成后加入【细分曲面】生成器把模型表面细分，以提高模型精度。细分曲面会在两条边之间自动加入过渡的边，把直角边变得平滑。例如，一个立方体加入细分曲面后就会变成球体。如果想更好地保持原形态，需要在每条边四周加入保护线，这就叫“卡边”，效果对比如图 3-14 所示。多了保护边，立方体的形态才能维持得更好。

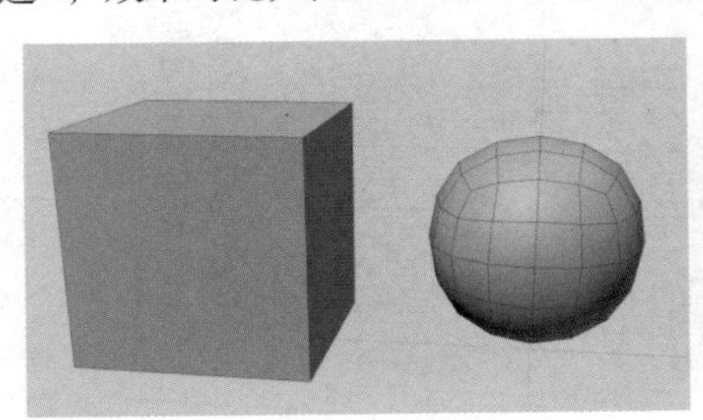
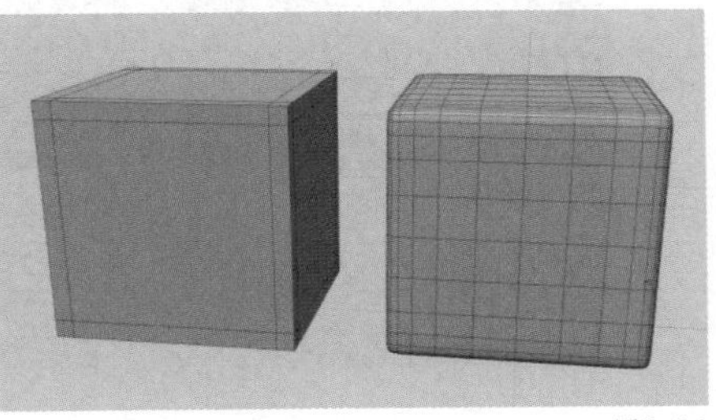

图3-14

卡边的方法有 3 种，分别是循环 / 路径切割、滑动和倒角。

在边模式下，单击鼠标右键，选择菜单中的【循环 / 路径切割】工具，可以给模型加入一圈循环边，以此完成手动卡边，如图 3-15 所示。

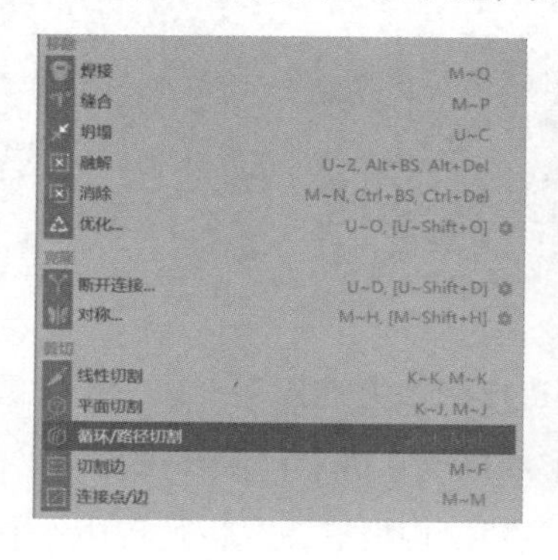

图3-15

选中要卡边的边，单击鼠标右键，选择菜单中的【滑动】工具，在【属性】面板中勾选【复制】，就可以给复制出一条选中的边，这样也可以达到卡边的效果，如图 3-16 所示。

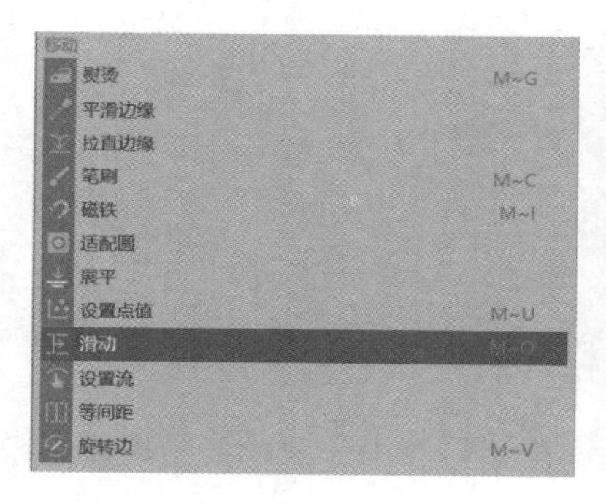

图3-16

选中所有的边，单击鼠标右键，选择菜单中的【倒角】，在【属性】面板的【倒角模式】中选择【实体】，然后在视图窗口空白处拖曳鼠标，就可以为所有的边卡边，如图 3-17 所示。

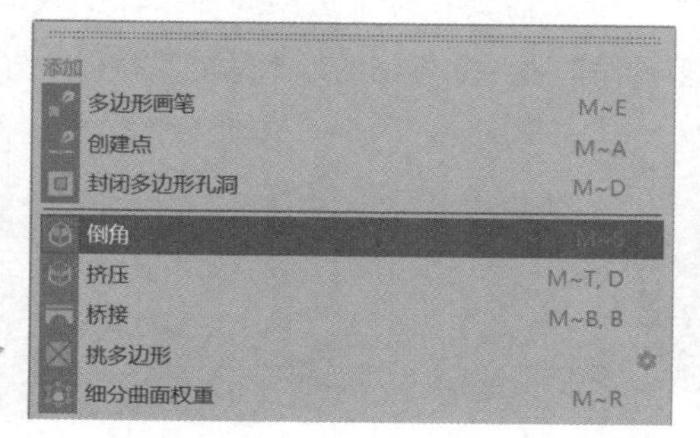

图3-17

在涉及产品按钮、管道分支、壶嘴等位置的建模时，需要在模型表面打孔，接下来将讲解最基本的圆孔建模步骤。

长按工具栏中的蓝色立方体图标，在下拉菜单中单击创建【平面】，在【属性】面板中更改【宽度分段】和【高度分段】为 4,【方向】为 –Z，按 C 键转换为可编辑对象。在【点】模式下，选中要打孔的位置中心的点。

单击鼠标右键，选择菜单中的【倒角】，在【属性】面板的【工具】选项中将【细分】更改为 1,【深度】为 –100%，在视图窗口空白处拖曳鼠标，把选中的点拖曳成八边形。

单击鼠标右键，选择菜单中的【线性切割】工具，把孔的四个角分别和外框的四角相连，把孔周围都做出四边面。

使用【滑动】工具，将圆孔四周的点向外移动，使其均匀分布。

切换到【面】模式，把中心的面删掉。

单击工具栏中的绿色按钮，创建【细分曲面】生成器。在【对象】面板中，把平面拖入细分曲面的子级中，就可以看到平面被挖出了圆形的孔。圆孔建模的过程如图 3-18 所示。

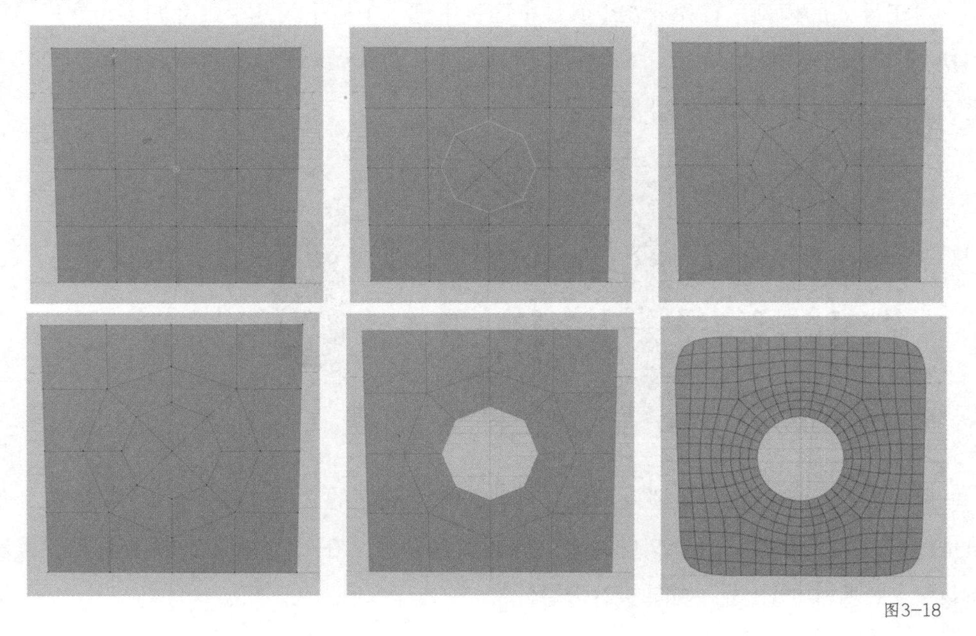

图3–18

知识点 4　植物素材的置入要点

在写实画面中加入一些植物，会让画面更具真实感。在素材网站可以下载到很多逼真的植物模型，合规、合理地使用它们，会极大地提高工作效率。向 C4D 置入植物素材需要注意以下几个要点。

除了 C4D 格式文件外，也可选择 FBX 格式（.fbx）或 OBJ 格式（.obj）等常用的三维模型交换格式文件。素材网站中最多的是 3DX 格式的三维素材，需要下载对应的软件将其转换成 FBX 格式或 OBJ 格式，才可以在 C4D 中打开，如图 3-19 所示。

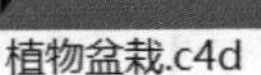

图3-19

对于导入的模型，首先要在【属性】面板中把【坐标】的几个尺寸归零，然后使用【缩放】工具调整模型的尺寸，为此可以创建一个立方体做对比，这样导入的模型尺寸不至于过大或者过小，如图 3-20 所示。

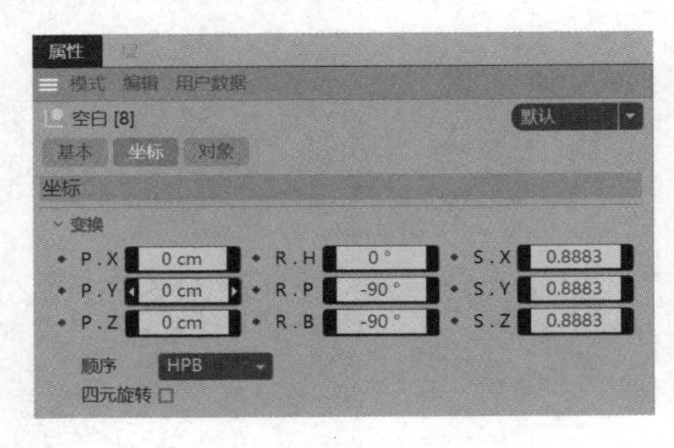

图3-20

最后要注意的就是不要遗漏贴图文件。一般下载好的文件中都带有 tex 文件夹，里面是植物的相关贴图。这个文件夹中的内容要保存好，在 C4D 中制作材质时需要重新加载该文件夹中的图片，如图 3-21 所示。

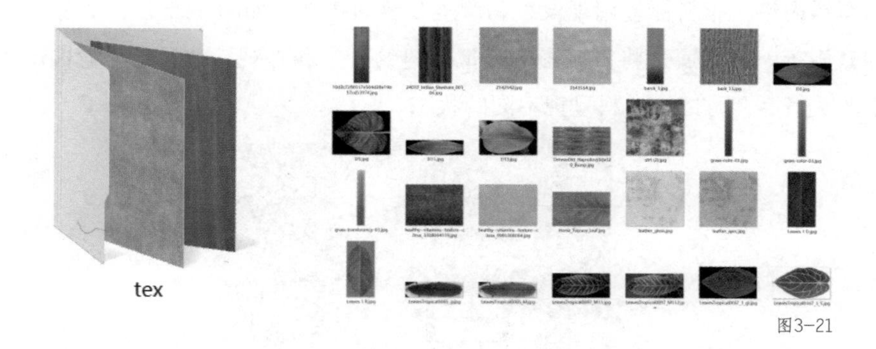

图3-21

知识点 5　布料柔体标签的使用

在 C4D 中，布料标签用于控制和模拟布料的物理行为。布料标签可以将布料属性应用于模型对象，并对对象进行物理模拟，包括布料的形变、重力受力、碰撞和运动。布料标签需要作用在可编辑对象上，在【对象】面板选中一个可编辑对象，单击鼠标右键，就可以在【模拟标签】里面看到【布料】标签了，如图 3-22 所示。

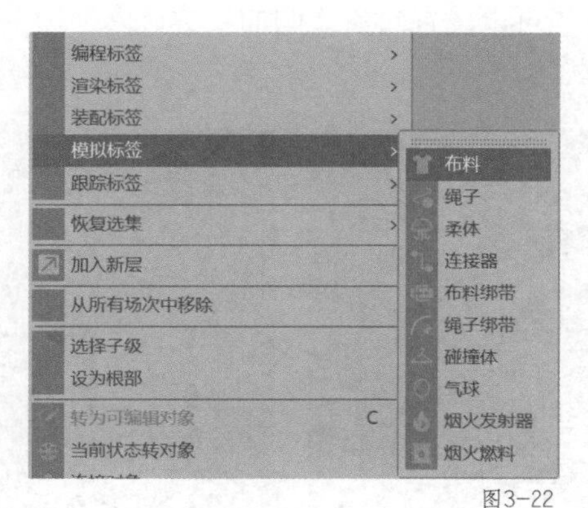

图3-22

接下来将讲解有关 C4D 中布料标签的关键信息。

布料属性：布料标签用于设置和调整布料的属性，如图 3-23 所示，包括质量、弹性和摩擦等。这些属性将直接影响模拟布料的行为和外观，如调整【弯曲度】和【摩擦】的数值后，可以让布料呈现不同的状态。

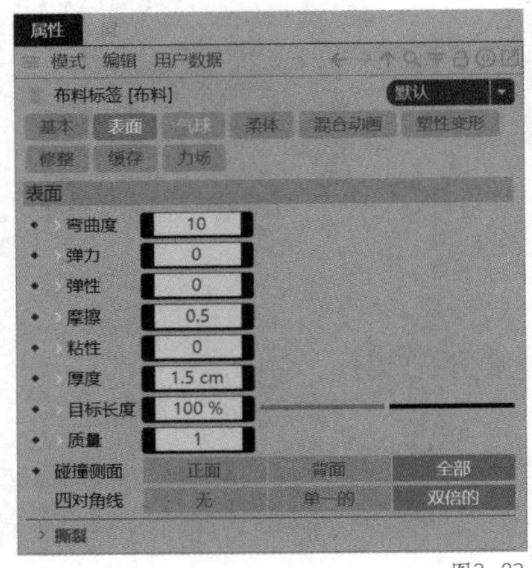

图3-23

碰撞检测：布料标签可以进行碰撞检测，使布料与其他对象交互。在【对象】面板选中一个可编辑对象并单击鼠标右键，可以在【模拟标签】里面看到【碰撞体】标签，如图 3-24 所示，这个标签可以设置对象之间的反弹、摩擦力等数值，以实现真实的布料碰撞效果。

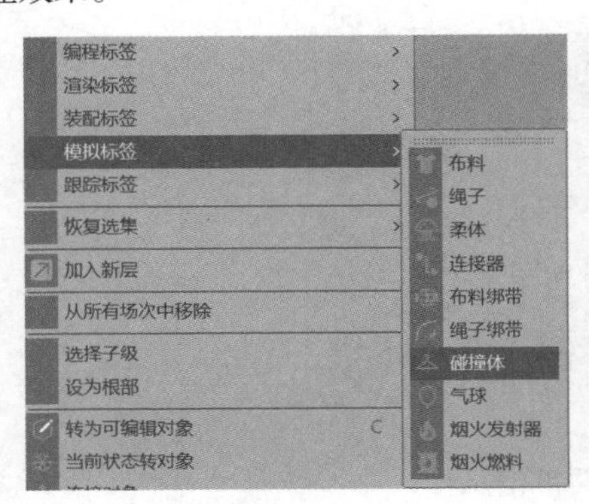

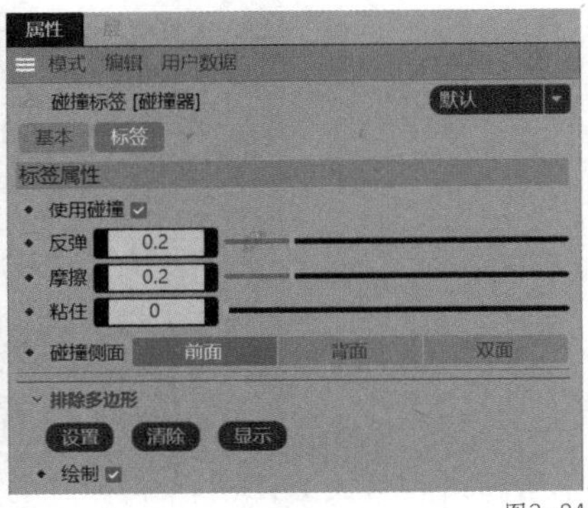

图3-24

动画控制：可以设置布料的初始位置、重力影响和风力影响等，并通过【模拟】菜单中的【力场】功能来控制布料在模拟中的运动轨迹。给平面一个【布料】标签，再给球体一个【碰撞体】标签，按播放动画按钮，就可以看到平面像一块布一样罩在了球体上面，如图 3-25 所示。

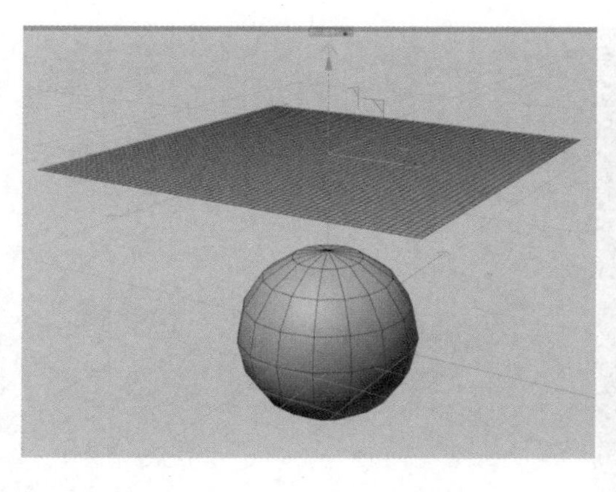
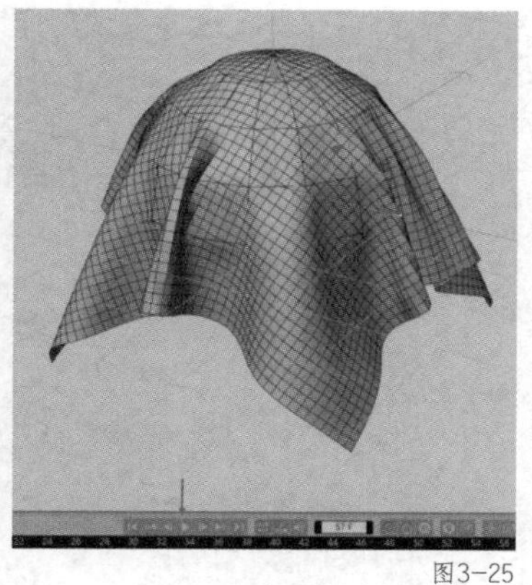

图3-25

布料模拟涉及复杂的物理计算，通常需要较多的计算资源和时间。在使用布料标签时，可能需要多次调整模拟参数和选项，以达到所需的效果和性能。

知识点 6 写实材质制作要点

OC 渲染器是一种使用 GPU 技术的无偏渲染引擎，设计师可以利用它更准确地模拟真实材质的外观和光照反应。OC 渲染器中的节点编辑器是该渲染引擎中一个非常强大的工具，可以用来创建和自定义材质、纹理和灯光等图形元素。

准备一组木纹贴图，如图 3-26 所示，接下来将以案例的形式讲解如何制作写实的木头材质。

图3-26

首先处理外观，把带有颜色信息的贴图连入漫射通道，确定木纹纹理方向和平铺样式。对于立方体这种模型，可以更改【投射】方式为 Box，如图 3-27 所示。

然后制作表面起伏的细节，用来模拟木纹表面的真实效果。起伏效果有 3 个通道可以实现，包括【凹凸】【法线】和【置换】，这些通道分别对应不同的贴图效果。

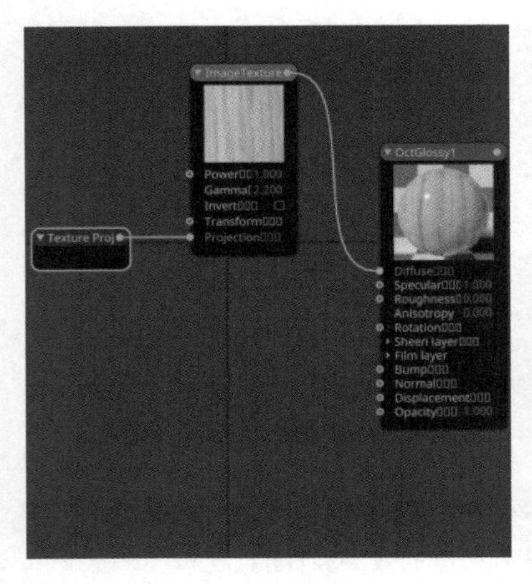

图3-27

凹凸贴图：凹凸贴图是一种灰度图像，其像素值表示了模型表面的高低变化程度。黑色代表最低点（凹陷），白色代表最高点（凸起），灰色则代表中间高度。凹凸贴图通过在渲染过程中改变图像的像素值，模拟光线与模型表面的交互效果，从而增强了模型的凹凸感，又不会改变模型实际的几何形状。

我们通常选择黑白对比度比较高的贴图连接到凹凸通道，投射方式要和漫射通道相同。可以看到木纹有了凹凸效果，同时模型形状没有产生变化，如图 3-28 所示。

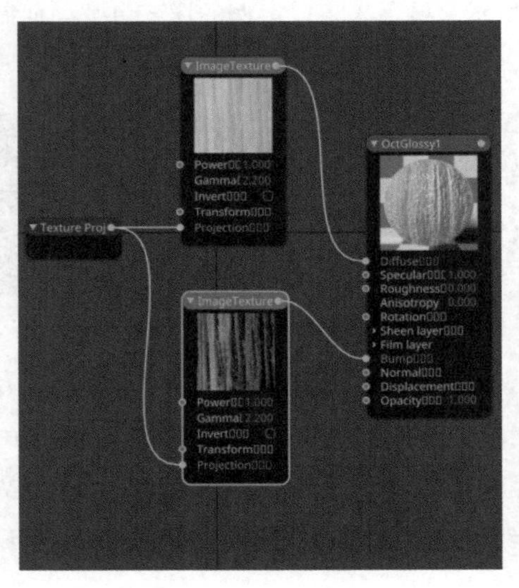

图3-28

法线贴图：法线贴图是一种 RGB 图像，通常以蓝、绿、红通道表示法线方向，它通过改变每个像素的法线信息来模拟光线与模型表面交互的效果。这种贴图可以增强模型的外观细节，使得表面在光线照射下显得更加凹凸有致，同样也不改变模型实际的几何形状。

法线贴图的效果很明显，表现为一张紫色的图片连接到法线通道，使得模型表面纹理的凹凸效果更为精细，如图 3-29 所示。

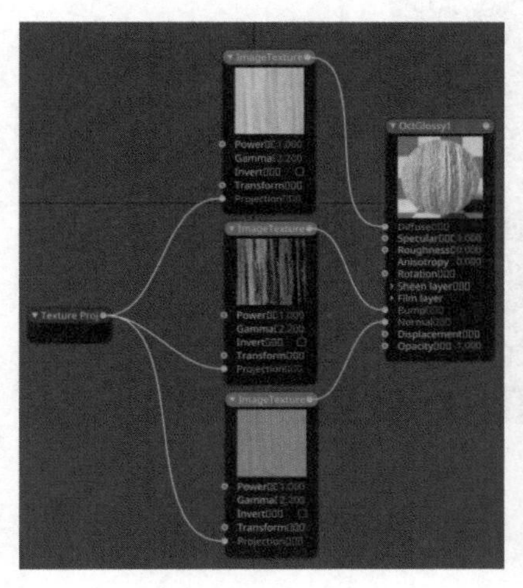

图3-29

置换贴图：置换贴图是一种灰度图像，要先连接到置换节点，再连接到置换通道，它能真实地改变模型的几何形状，从而呈现出更加真实的细节和凹凸感。在设置置换贴图的效果时，根据需要选择适当的起伏效果即可，如图 3-30 所示。

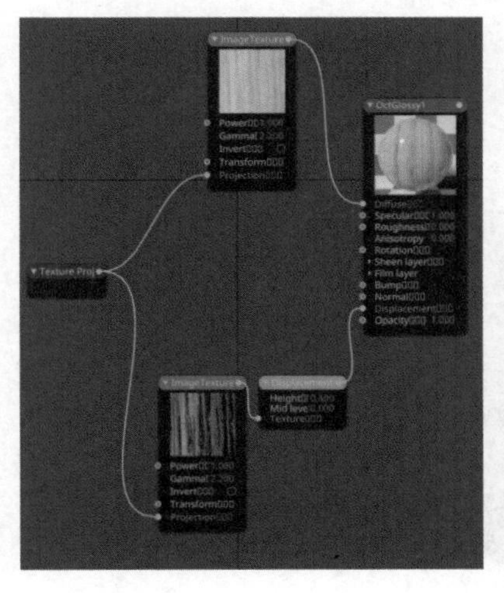

图3-30

最后加入模拟反射效果的贴图，连接到反射通道，使木纹表面的反射更加真实，如图 3-31 所示。同样，大理石和墙面等材质也可以使用这种方法来实现细节。

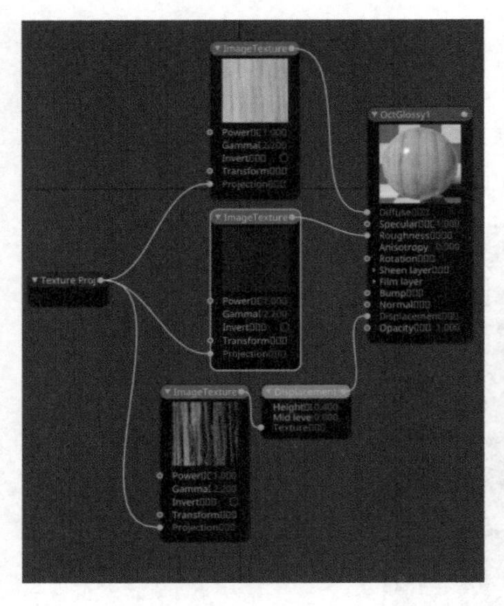

图3-31

知识点 7 光影氛围营造方法

光影氛围对于写实画面的视觉效果和情感表达至关重要，它可以让画面更生动，富有吸引力，也会让画面呈现出更强的空间感和深度。如图 3-32 所示，空白的橙色桌面和大片的白色墙壁都因为有了光影显得更加生动。

图3-32

营造光影氛围需要注意两点：一是要有光源，且光感要强烈；二是需要有遮挡物遮挡在光源前方，如墙壁、植物或百叶窗等，这样光源前方才会形成影，如图 3-33 所示。在 C4D 中，灯光尺寸要小，光源亮度要大，这样形成的影子才会明显。

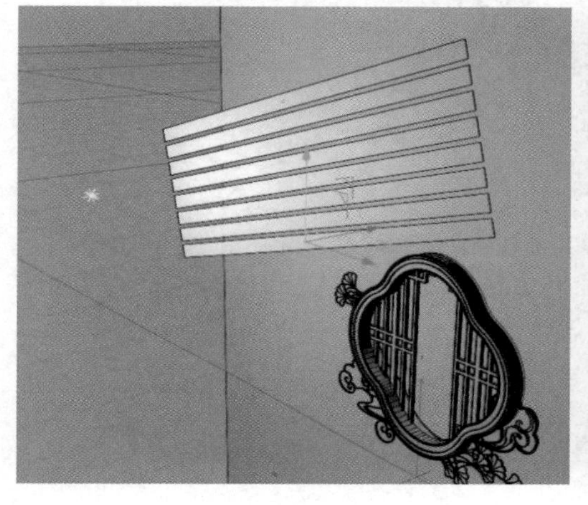

图3-33

知识点 8 产品后期光影调色

Photoshop 中的【色阶】是调整图像色彩和对比度的强大工具，它可以让设计师对图像的黑色、中间色调和白色分别进行调整，从而调整整个图像的色彩平衡和对比度，有效改善三维渲染图偏灰的问题，如图 3-34 所示。选择【图像】→【调整】，单击【色阶】，在弹出面板中通过拖曳黑白灰三色控制钮，来调整画面的黑白灰关系。

【通道混合器】是 Photoshop 中另一个功能强大的色彩调整工具，设计师可以通过混合不同色彩通道来改变图像的色彩和对比度。使用【通道混合器】工具，可以实现创建黑白图像、转换色彩、增强对比度等操作，轻松为渲染图做色彩调整，如图 3-35 所示。选择【图像】→【调整】，单击【通道混合器】，在弹出面板中通过调整红色、绿色和蓝色的比例，来控制画面的色彩关系。

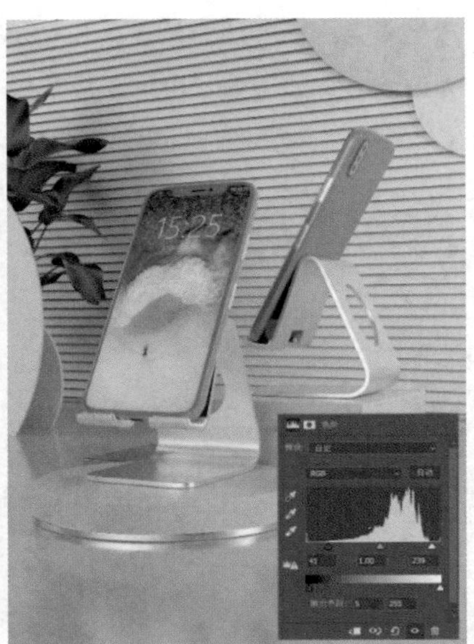

图3-34

图3-35

【工作实施和交付】

首先根据需求文档，确定实施步骤。根据产品类型和文字信息确定大体构图方式，再在 C4D 中创建产品模型，尽量完整、真实地还原产品颜色、材质和外形比例，然后给产品搭建一个氛围环境，并赋予画面一组写实的材质，整体渲染调色后再增加文字信息，最终交付合格的图片。

确定构图和配色

根据资料先进行排版设计，可以用灰度几何图形在画布上进行简单排版，以此确定产品、背景、配饰、文字的位置和大小，用灰度关系拉开距离，然后选择一张类似场景的摄影照片去参考它的颜色和光影关系，如图 3-36 所示，这样构图和配色就确定好了。

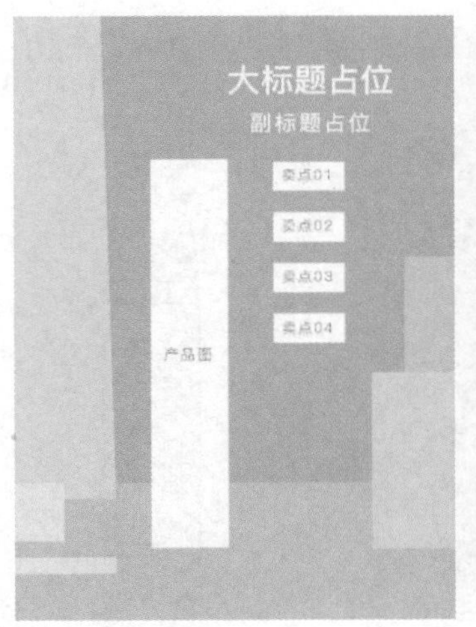

图3-36

根据产品图给产品机身建模

打开 C4D 中的四视图，把电动牙刷三视图作为参考图添加到【正视图】中变成背景，用作建模比例参考。在【属性】面板中，通过调整【背景】标签页的【水平偏移】和【垂直偏移】的数值来调节背景参考图的位置，使它们与世界坐标对齐，如图 3-37 所示。

接下来就可以根据参考图给机身建模了。根据参考样式，这里选择【圆柱体】作为基本形，圆柱体的高度和直径根据参考图设置，分段选择 5 段，按 C 键将其转化为可编辑对象，然后在【点】模式下缩放每圈的大小，使圆柱贴合到参考图上，上下边缘注意卡边，这样添加细分曲面后就可以更好地保持形态，如图 3-38 所示。

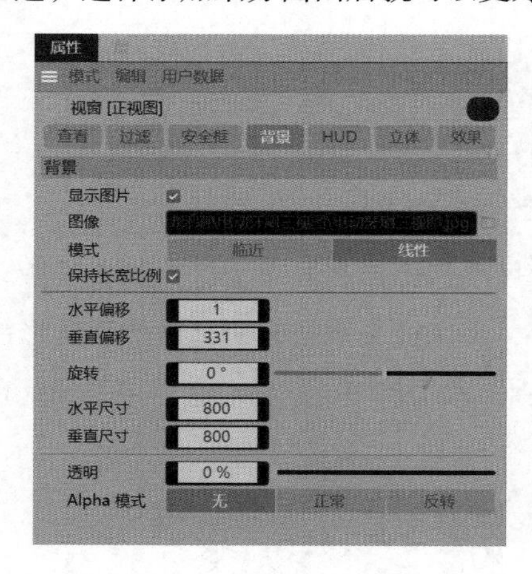

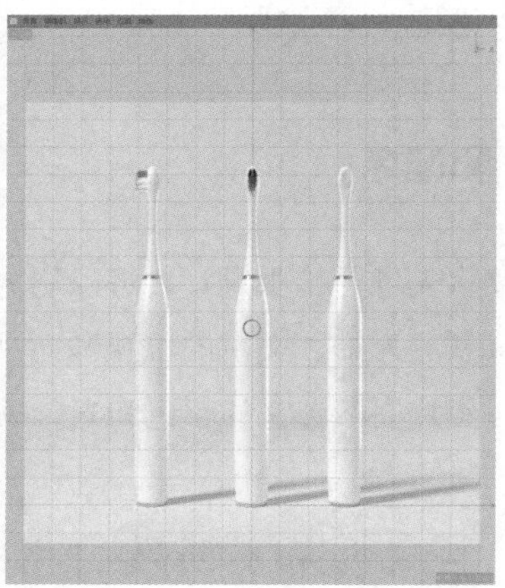

图3-37

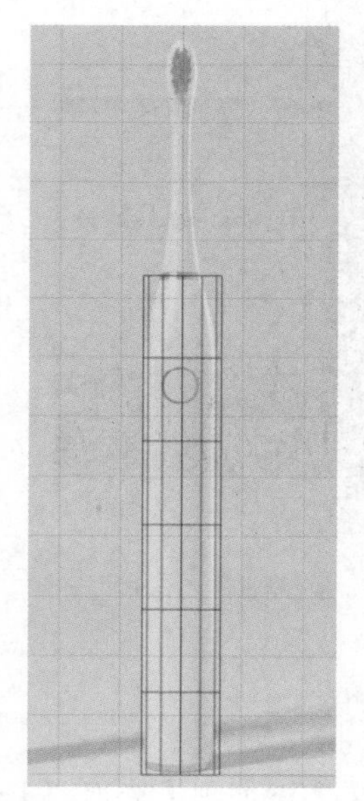
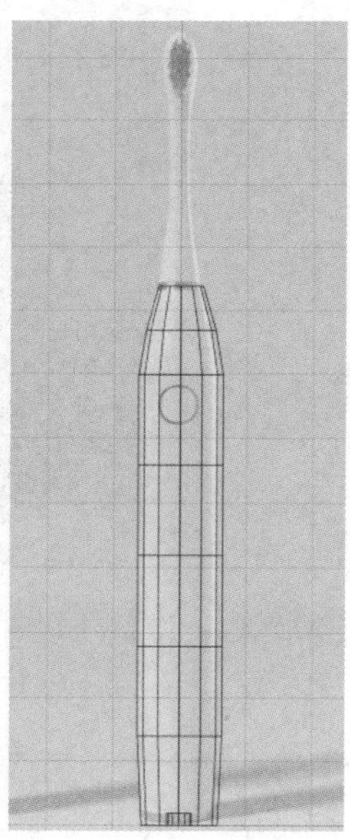
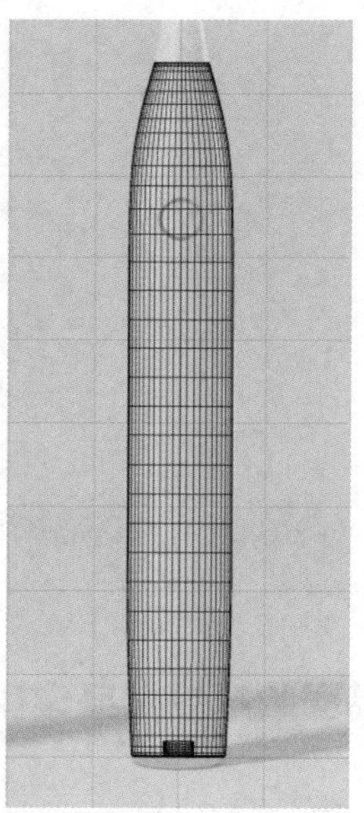

图3-38

机身大体形态做好后，就可以在机身上端位置挖孔做按钮了。根据参考图，使用【循环 / 路径切割】分别给按钮上下边缘和中心位置加上分段线。在【点】模式下选择参考图按钮的中心点导出六边形，使用【线性切割】工具把四角的点相连，使用【滑动】工具疏松四周的点，最后给切割好的分段增加一个级别的细分，如图 3-39 所示。

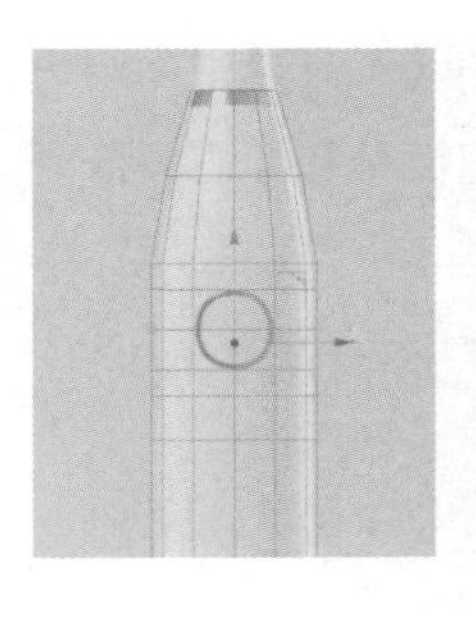 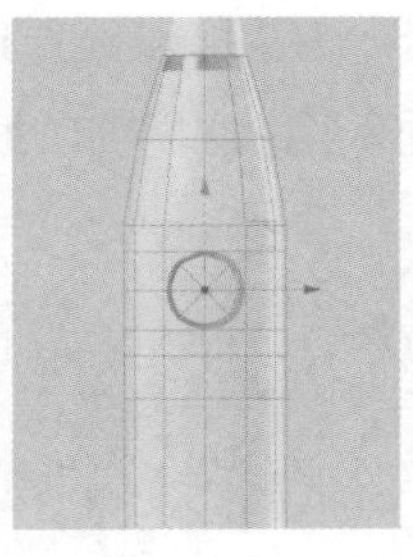 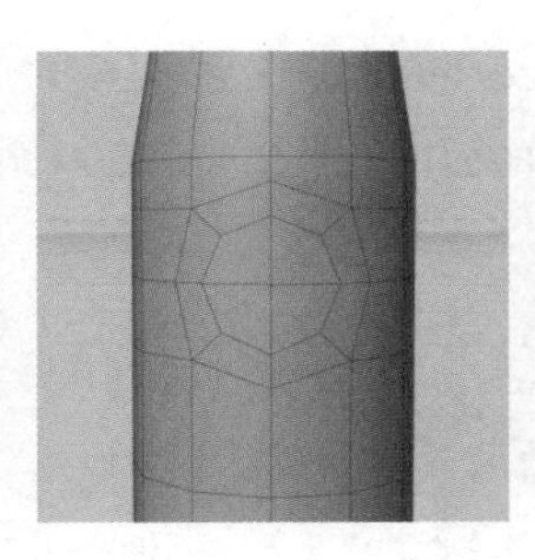 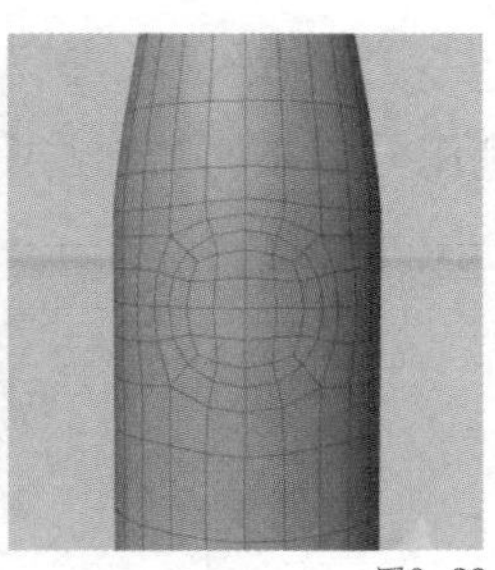

图3-39

在【面】模式下，选中按钮部分的面，分别使用【嵌入】工具和【挤压】工具，做出按钮的厚度效果。注意每个转折面都要有卡边的线。最后加入【细分曲面】生成器，机身部分就做好了，如图 3-40 所示。

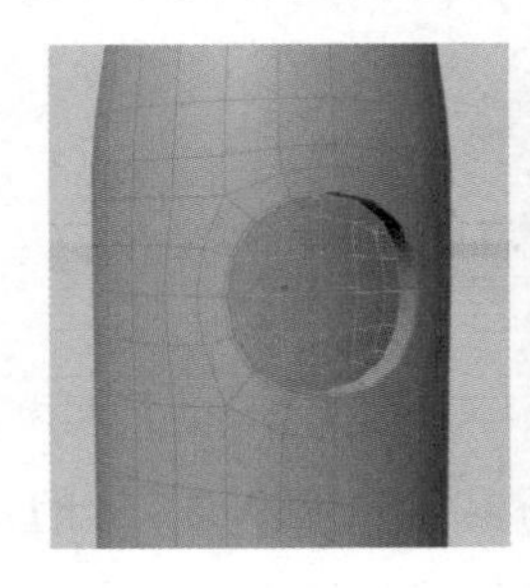 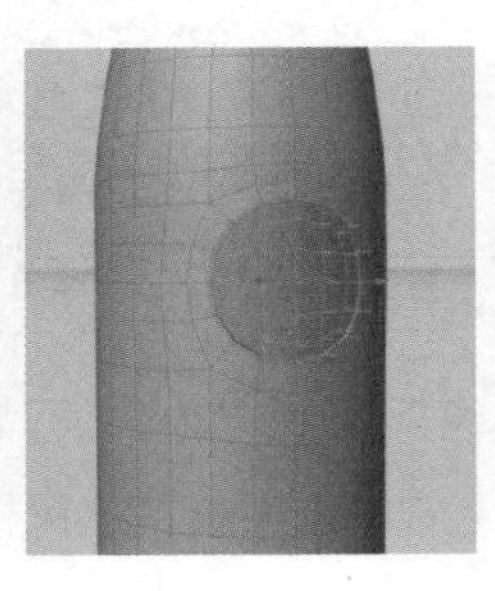 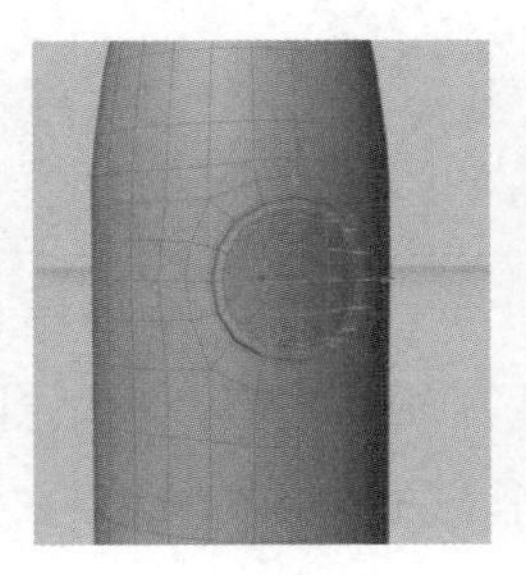 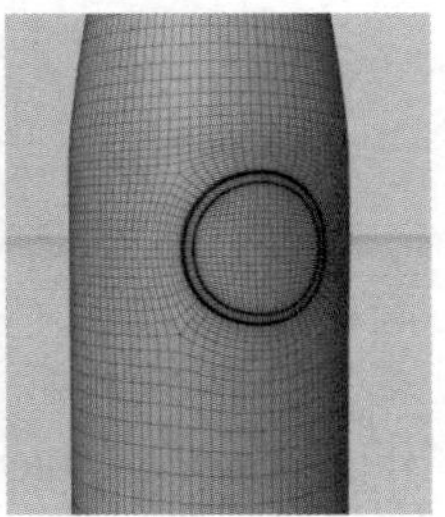

图3-40

在【边】模式下，选中顶端的边，按住 Ctrl 键并向上拖曳 Z 轴就可以将机身顶端与牙刷头连接的部分挤压出来。根据参考图的尺寸，通过不断缩放直径和向上挤压，使模型贴合参考图的样式，制作出牙刷头的轮廓，如图 3-41 所示。

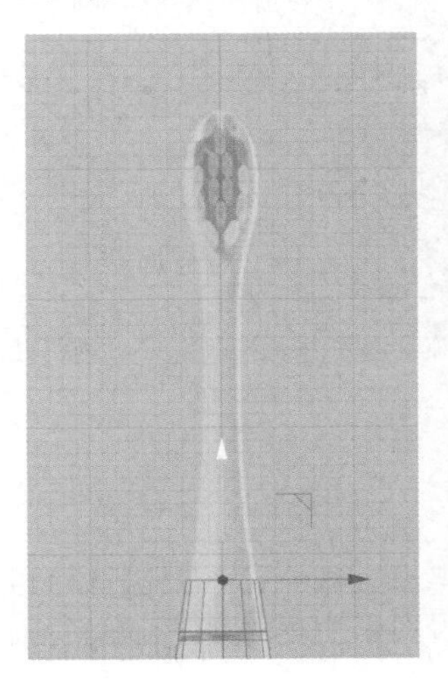 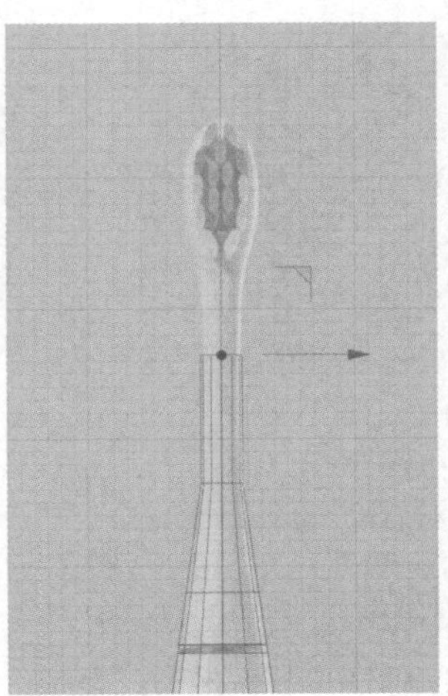 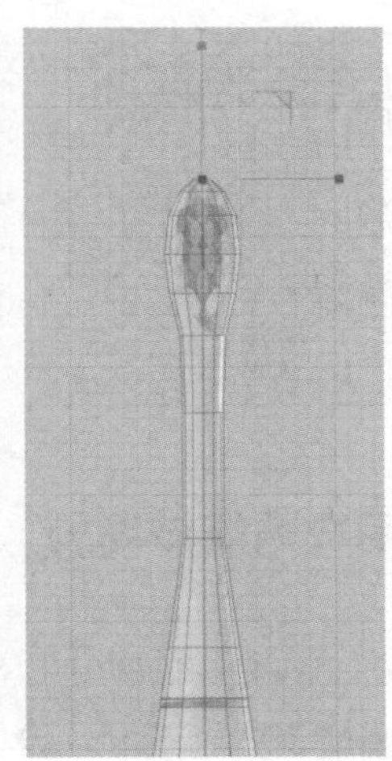

图3-41

选中机身和牙刷头交接的边，在【面】模式下，使用【填充选择】工具选中牙刷头，利用分裂功能复制选中的面，机身部分的面就删除了，这样可以把机身和牙刷头分开，如图 3-42 所示。

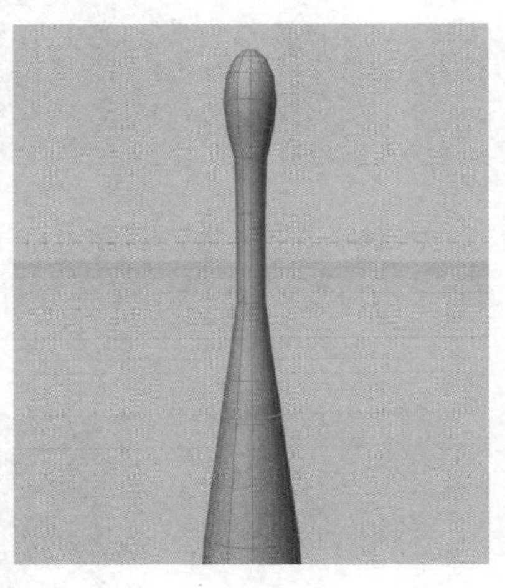
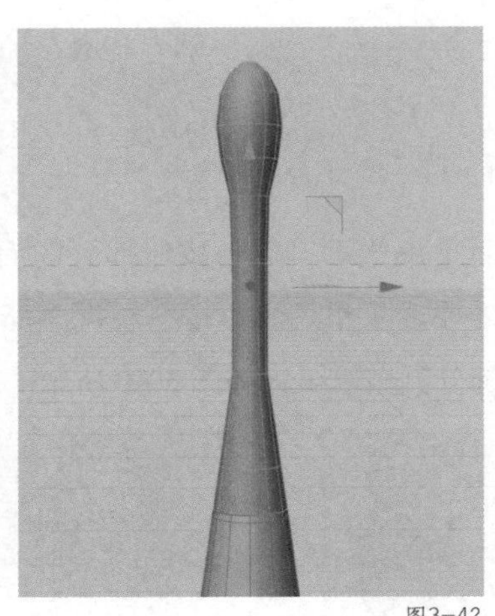

图3-42

接下来做牙刷头顶端的平面。首先创建两个立方体，使其与牙刷头相交。使用【布尔】生成器把两个立方体相减，然后在【对象】面板单击鼠标右键，选择菜单中的【当前状态转对象】。使用【线性切割】工具把平面的线连接起来，再使用【倒角】工具给平面的一圈边缘卡边。最后加入【细分曲面】生成器增加平滑度，这样牙刷头的基本体就做好了，如图 3-43 所示。

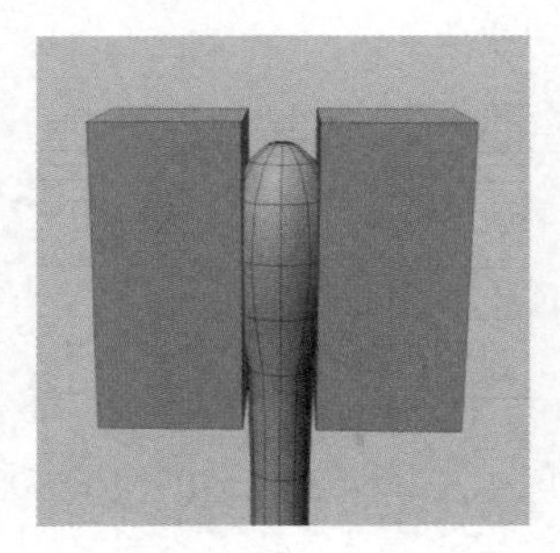
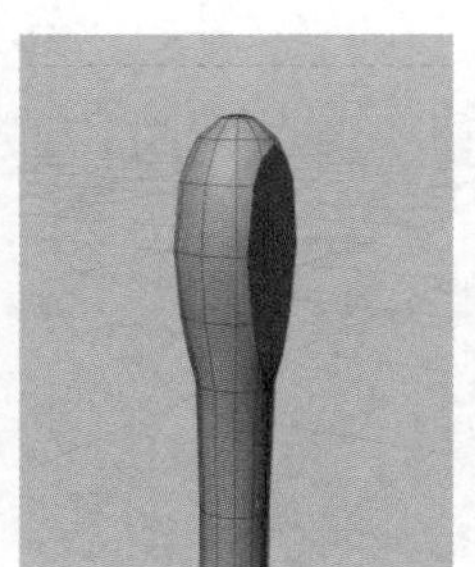
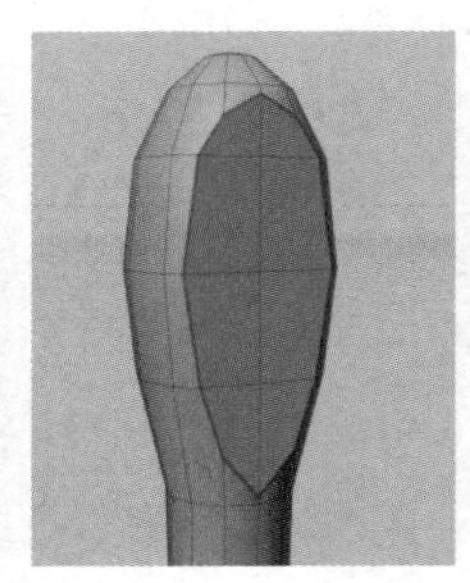
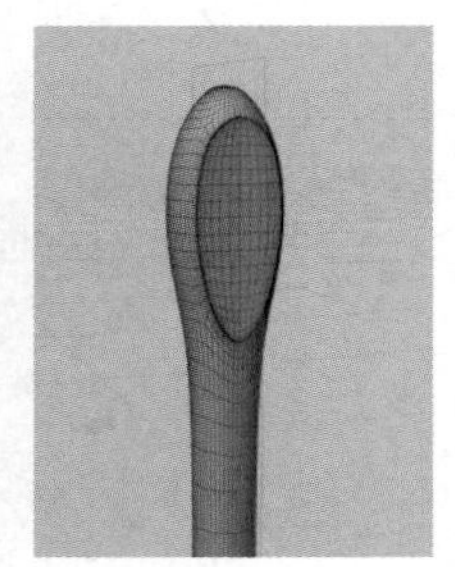

图3-43

使用毛发系统做毛刷

接下来做毛刷部分。根据参考图可以看到，刷毛是一簇一簇的，因此可以使用【样条画笔】工具绘制一簇毛刷的外形，再通过复制、粘贴，把几组毛刷的外形都复制好，把同颜色的样条选中，在【对象】面板单击鼠标右键，选择菜单中的【连接对象

+删除】将同颜色的样条合并起来，如图 3-44 所示。

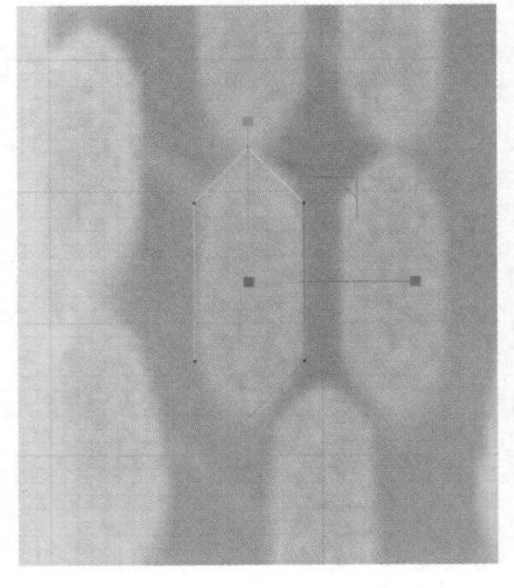
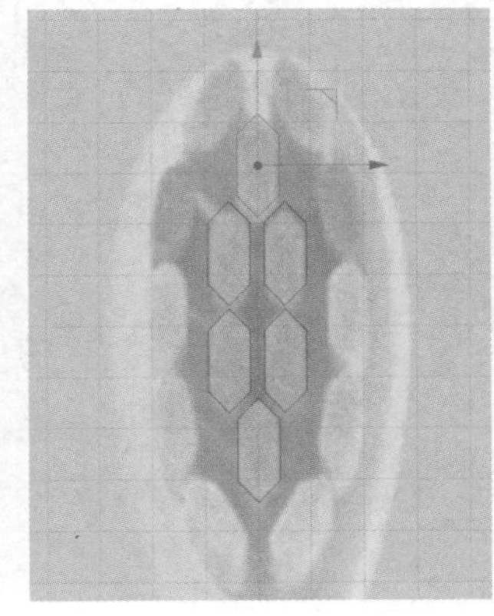
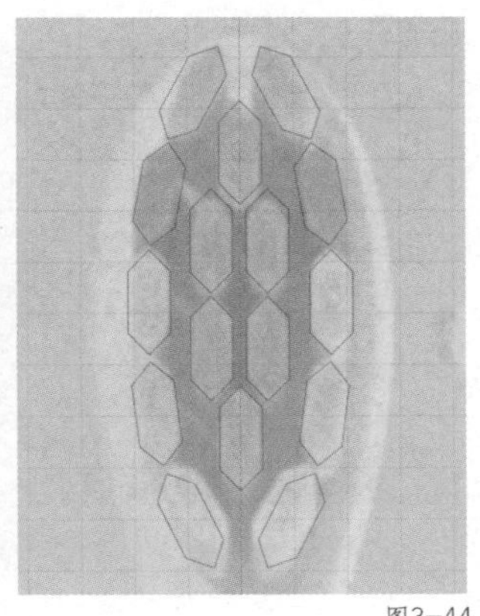

图3-44

接下来需要在透视图中把样条组对齐到牙刷头的平面部分并调整到适当的大小，然后给每组样条添加【挤压】生成器，将挤压的【偏移】值设为 0，因为这里不需要厚度，只需要一个平面。在【封盖和倒角】中更改【细分】类型为 Delaunay，就可以看到挤压出的面上均匀分布着三角面，为下一步生成毛刷做好准备，如图 3-45 所示。

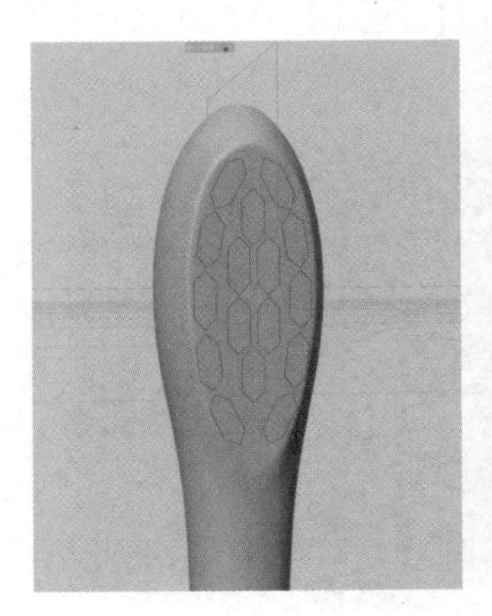
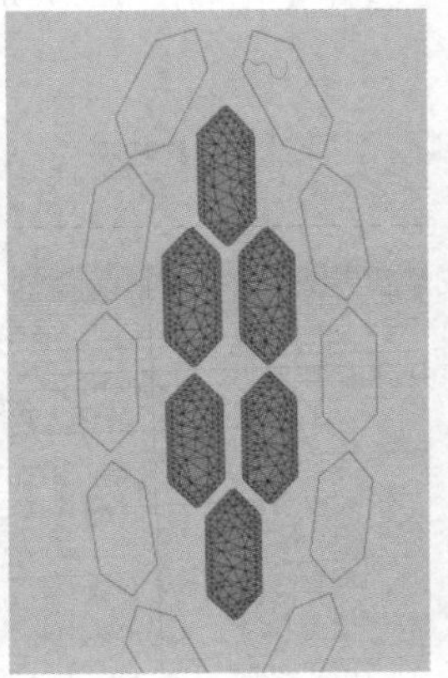
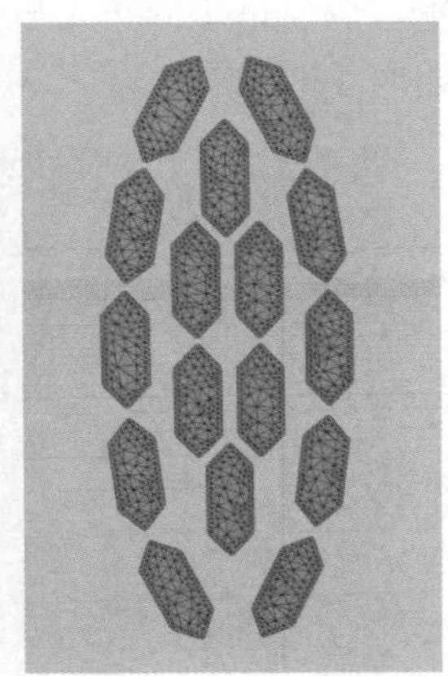

图3-45

选中中间绿色毛刷组的挤压面，单击【模拟】菜单中【毛发对象】子菜单的【添加毛发】，在毛发【属性】面板的【引导线】标签页中，调整【长度】为牙刷毛长度，在【毛发】标签页调整【数量】，以此给每组挤压面添加毛发，做出刷毛效果，如图 3-46 所示。

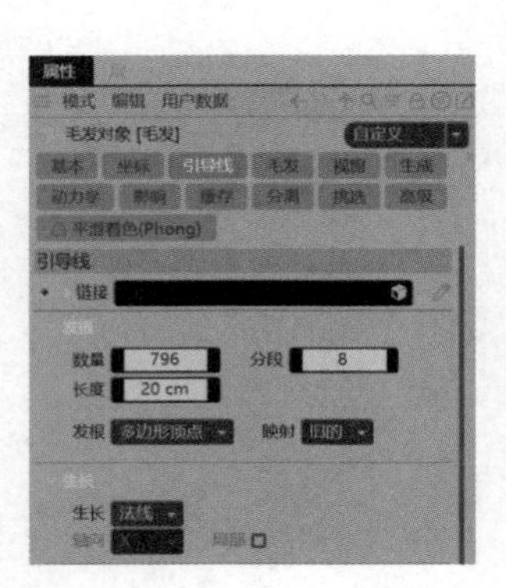

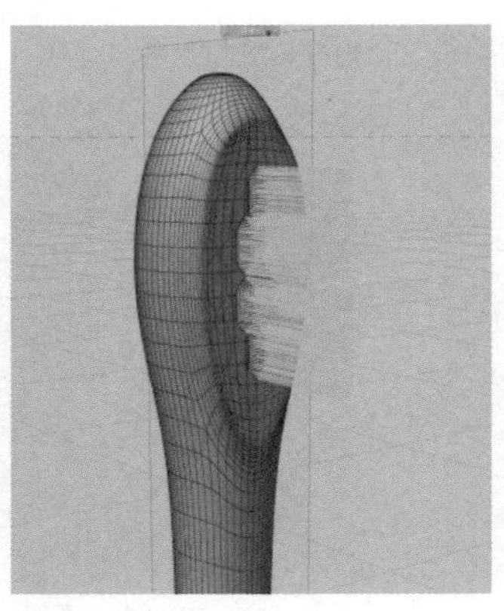

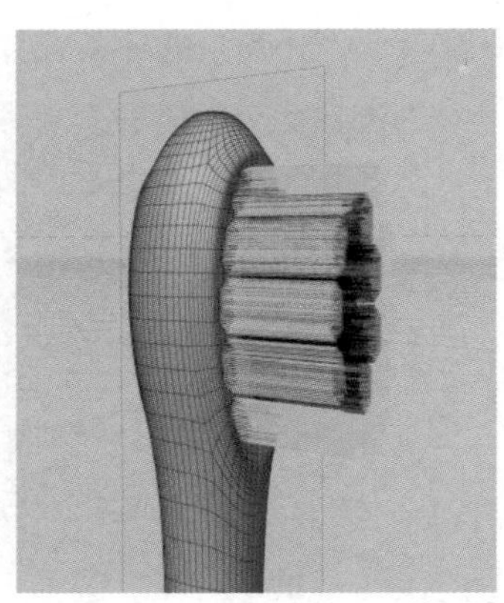

图3-46

搭建基本场景

电动牙刷的模型做好后，就要为产品搭建场景了。先创建两个【平面】，方向分别为Y轴和Z轴，作为场景的地面和墙壁。然后创建【Octane摄像机】对象，给画面固定视角，摄像机【焦距】可以选择【电视（135mm）】，这个焦距值比较适合小型场景，如图3-47所示。

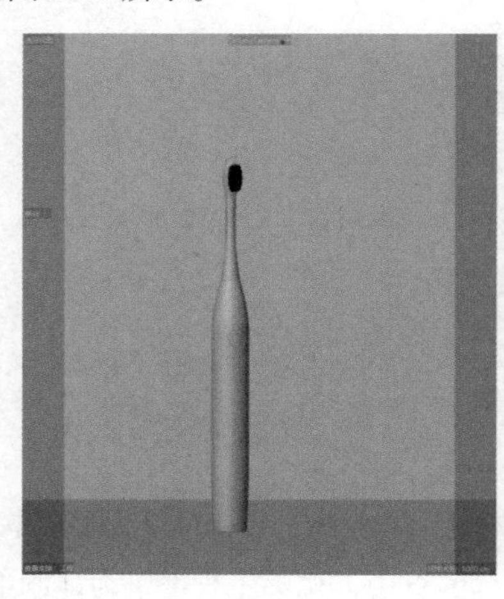

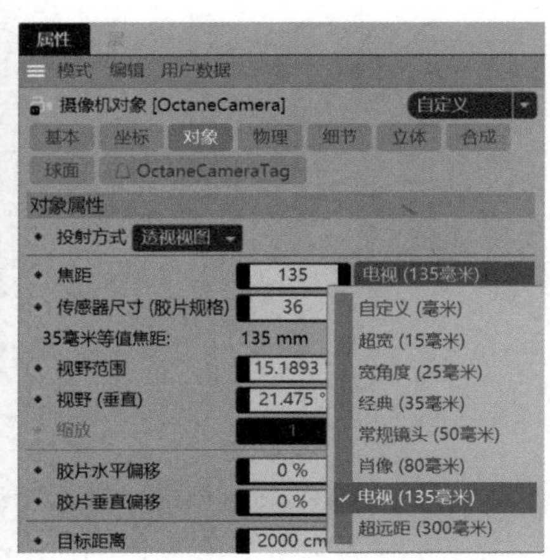

图3-47

因为洗手台只在画面中露出一点，所以制作出大体的瓷砖样式就好。创建一个【立方体】对象，分段加多，并勾选【圆角】，做出圆润的外形。然后在立方体的子级中创建【置换】变形器，置换中加入【噪波】贴图，给洗手台做出表面微微起伏的效果。再创建几个【圆柱体】，做出几个玻璃小盒子的效果，如图3-48所示。因为后面要加入玻璃材质，所以需要给每个圆柱体都加入【布料曲面】生成器，去掉细分，将【厚度】设为 1cm，这样添加透明材质时才能正常显示折射。

图3-48

因为画面上需要加入文字，所以创建的场景元素不宜过于复杂。把制作好的洗手台移动到电动牙刷的右边，玻璃小盒子移动到电动牙刷的左边，露出一部分即可，场景配饰不需要全部显示。再使用一个植物盆栽素材，放在洗手台上，为画面增加生气，如图 3-49 所示。

图3-49

使用布料标签做窗帘

装饰墙面的窗帘元素，可以使用【布料】标签制作。首先创建一个【平面】，在【属性】面板中将【宽度分段】和【高度分段】设为 20，并将其转换为可编辑对象。在【点】

模式下使用【框选】工具选中平面顶端的点，这里为了将窗帘顶端固定，所以在选中平面顶端的点时，隔一个选中一个。再在平面的顶端创建一个【立方体】，尺寸调整到比窗帘平面大一圈儿，作为窗帘杆，同样将其转为可编辑对象，如图 3-50 所示。

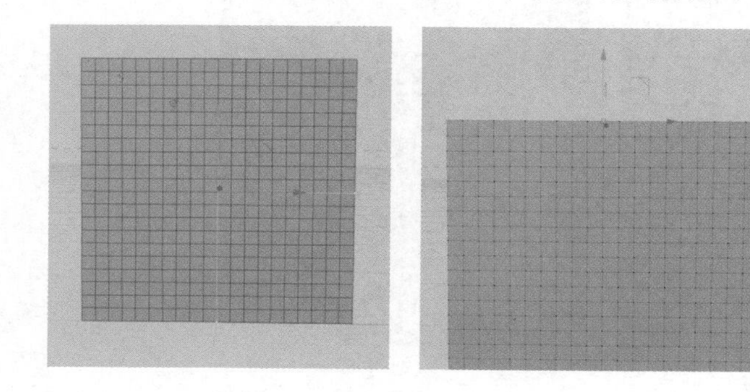

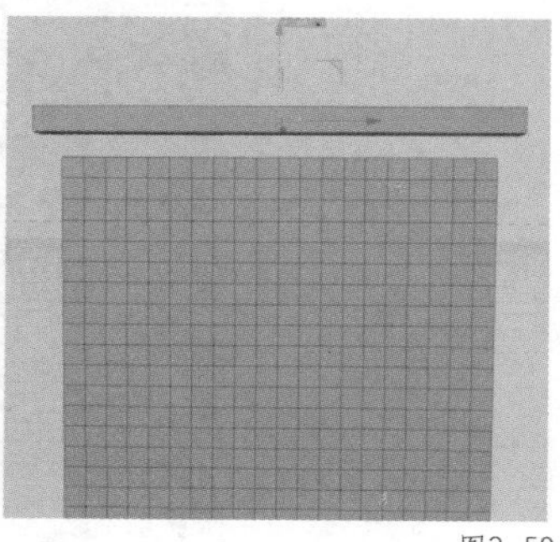

图3-50

在【对象】面板中，在平面上单击鼠标右键，选择菜单中【模拟标签】下的【布料】和【布料绑带】，给平面添加两个标签。单击【布料绑带】，把窗帘杆的立方体拖入【属性】面板的【绑定至】中，然后单击【设置】，这时可以看到平面上选中的点绑定到了立方体上，如图 3-51 所示。

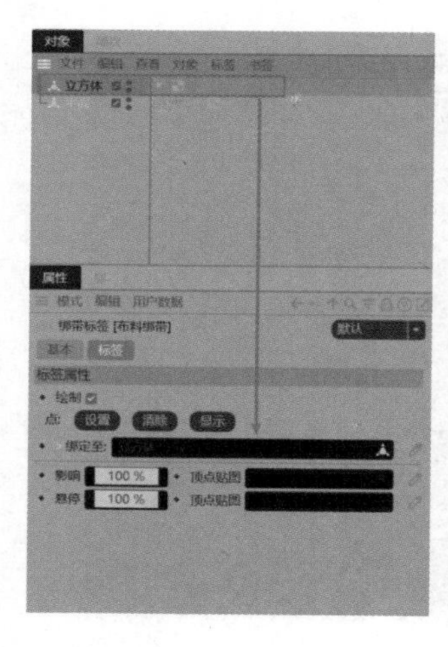

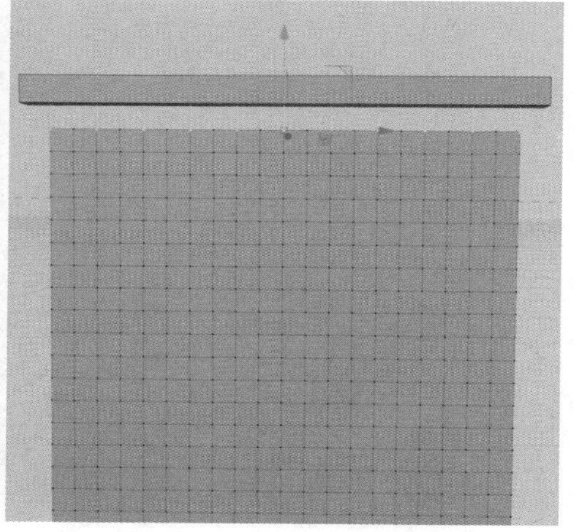

图3-51

使用缩放工具把立方体沿着 X 轴方向缩短，然后单击【播放】按钮，可以看到平面像布料一样出现了褶皱，在得到适当的样式后即可暂停。再给该褶皱面加入【细分曲面】生成器就可以得到一个平滑的窗帘模型。最后在【对象】面板选中窗帘模型，单击鼠标右键，在菜单中选择【当前状态转对象】，把窗帘固定下来，如图 3-52 所示。

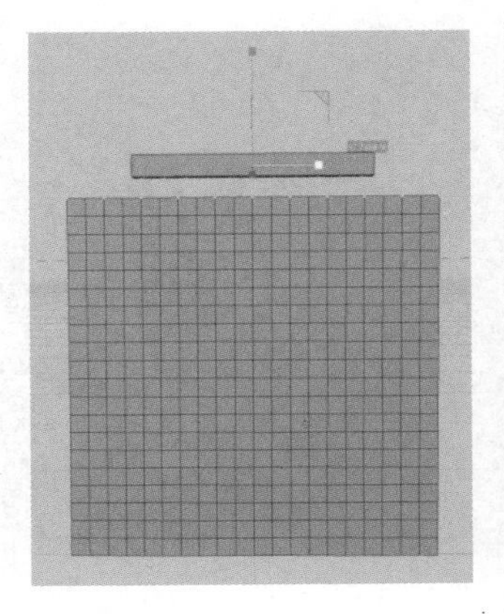
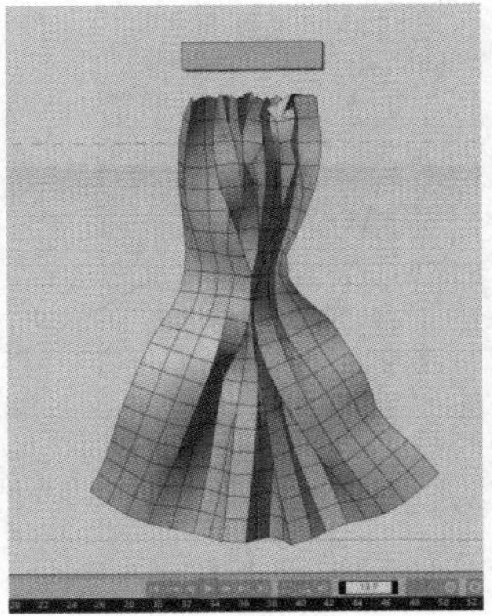

图3-52

把制作好的窗帘移动到画面左边，仅露出一部分，对墙面进行装饰即可，如图 3-53 所示。

图3-53

使用 OC 灯光和 HDR 给场景布光

打开 OC 渲染器，先进行渲染设置，然后创建【Octane 环境标签】，在属性【纹理】的位置添加一张户外 HDRi 贴图，用来模拟日光效果。

创建【Octane 区域光】，移动到场景的斜上方。为了模拟窗外的树影效果，可以在场景和灯光之间置入一组树叶模型，把灯光尺寸调小，灯光强度调大，就会在场景中产生树影效果，如图 3-54 所示。

图3-54

添加 OC 材质，并渲染出图

接下来给电动牙刷添加材质。机身使用白色的反射材质，其中金属环和按钮外圈为金属材质，牙刷毛可以直接使用漫射材质来代替毛发的默认颜色。再创建一个【Octane 反射材质】，将漫射通道调节成浅灰色，适当增大索引值，这样能得到更好的光泽度，然后把这个反射材质赋予洗手台。再创建一个【Octane 玻璃材质】，将【传输】颜色改为纯白色，将这个玻璃材质赋予几个小圆柱体作为玻璃小盒子，如图 3-55 所示。

图3-55

接下来，给桌面、墙壁和窗帘制作几个写实纹理材质。创建一个【Octane 漫射材质】，打开【节点编辑器】，给漫射通道、反射通道、法线通道和置换通道分别添加木纹相关贴图，投射方式改为【Box】，把它赋予桌面模型。复制漫射材质，并替换不同的贴图，就可以制作出墙面和窗帘的材质，把它们分别赋予墙面和窗帘模型，如图 3-56 所示。

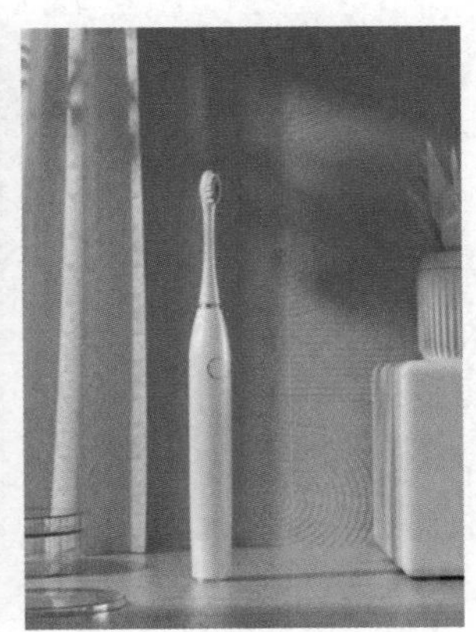

图3-56

最后给植物也添加一些材质。创建一个【Octane 漫射材质】，打开【节点编辑器】，给漫射通道、粗糙度通道和置换通道分别添加自行下载的叶子贴图，并将其赋予植物的叶子，然后为花盆制作一个白色的漫射材质即可，如图 3-57 所示。检查一下，所有模型都被赋予了材质后，就可以渲染出图了。

图3-57

后期光影调色并添加文字

在 Photoshop 中打开在 C4D 中渲染好的图，给这张渲染图做一下后期效果。

使用【色阶】功能，通过调整左边黑色和中间灰色区域改善画面偏灰的问题；使用【通道混合器】，调整红色通道的数值，使画面背景部分更红一些；最后，将主题和卖点文字排版并移动到空白区域，为几个卖点配上小图标并移动至适当位置，这样更易识别，如图 3-58 所示。

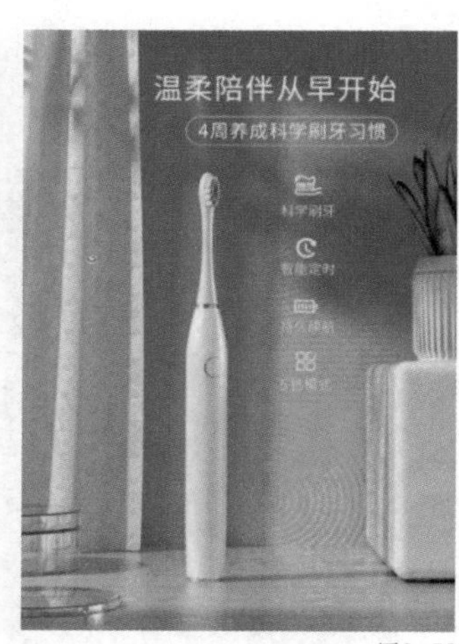

图3-58

调整完成后就可以保存文件并打包交付了。

在 C4D 中选择【文件】菜单中的【保存工程（包含资源）】，就可以保存 C4D 格式工程文件（.c4d）和 tex 纹理贴图文件夹了。

在 Photoshop 中选择【文件】菜单中的【存储（S）】，就可以保存 PSD 格式的后期文件。

把所有文件一起保存到新文件夹中，并将文件夹命名为“uu_ 电动牙刷海报设计 _ 20230727”（你也可以根据需要更改名字和日期），之后就可以交付工作了，如图 3-59 所示。

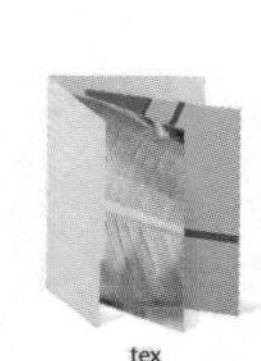

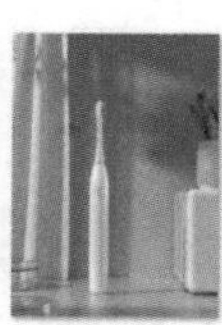

图3-59

【拓展知识】

知识点 C4D 毛发工具

C4D 毛发系统提供了多种绘制和编辑毛发的工具，利用它们可以任意调整毛发的位置、方向和长度等属性。单击 C4D【模拟】菜单中的【毛发工具】，就可以看到相关子菜单，选择对应选项就可以手动对已生成的毛发执行移动、旋转和缩放操作。另外，也可使用毛刷、集束和卷曲等工具对毛发进行形态调整，实现更加丰富的效果，如图 3-60 所示。

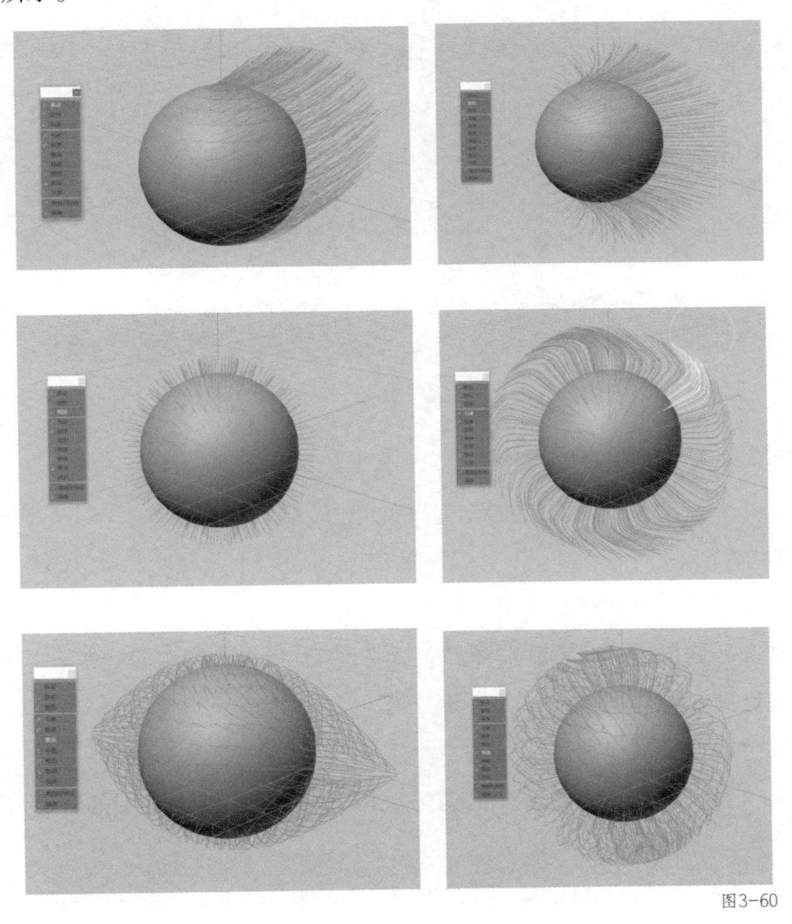

图3-60

【作业】

你是一名**设计师**，公司要你给一款电动香氛机制作一张产品海报，**运营部门的**同事给你提供了产品的正视图和顶视图（如图 3-61 所示），需要你进行**产品建模**并设计一个写实风格的温馨场景，另外要在海报中加入产品描述和促销、卖点等信息。各方确认无误后，再把图片发给市场部的同事进行产品的市场推广宣传。

项目资料

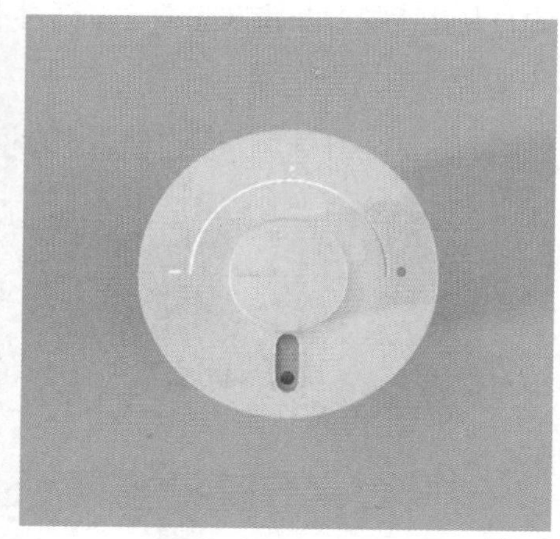

图3-61

主题文字：自然芳香，时刻享受。

副标题：全天候间隔释放芬芳。

卖点文字：自动喷香，四挡可调，USB 充电，微孔雾化。

项目要求

（1）写实风格，体现产品真实感和温馨氛围。

（2）产品正面展示，LOGO 清晰。

（3）主题文字明显，卖点文字突出。

项目文件制作要求

（1）将文件夹命名为“name_ 电动香氛机海报设计 _date”（name 代表你的姓名，date 要包含年、月、日）。

（2）此文件夹包括 C4D 渲染后的 JPG 格式文件、经 Photoshop 后期处理的 JPG 格式文件、C4D 格式工程文件、包含 tex 贴图的文件夹、PSD 格式文件。

（3）尺寸为 1200px × 1700px，颜色模式为 RGB，分辨率为 72ppi。

完成时间

6 小时。

【作业评价】

序号	评测内容	评分标准	分值	自评	互评	师评	综合得分
01	构图	是否根据产品外形选择了适合的构图方式	20				
02	配色	配色是否符合风格需求； 配色是否符合平台需求	20				
03	建模	和产品的相似度是否够高； 布线是否平滑	20				
04	渲染效果	材质是否和产品相符； 光影分布是否合理； 产品是否突出	20				
05	后期呈现	是否添加了需求文字； 是否符合海报要求	20				

注：综合得分 =（自评 + 互评 + 师评）/ 3

项目4

卡通风格IP形象设计

卡通风格的IP形象是吸引年轻用户的有力工具。一般定位在婴幼儿、年轻人的品牌或产品，需要定制自己的IP形象，以此增加产品的亲和力和可信度，从而提升用户黏性。本项目通过设计、制作IP形象，帮助读者熟悉IP形象设计和C4D体积建模知识，以便在之后的实际工作中快速、熟练地制作卡通IP模型。

【学习目标】

通过了解卡通 IP 形象设计过程，学习 C4D 的体积建模、样条、生成器、渲染相关功能，掌握创建线稿图、无缝背景图等要点，最终能独立设计出卡通风格的 IP 形象。

【学习场景描述】

小豌豆是一家专注于为 15 岁以下的小朋友提供智能语音助手服务的公司。该公司要给小豌豆语音助手设计一款卡通 IP 形象，通过可爱、亲切的外表，与年轻用户建立深厚的情感纽带，为他们提供愉快、安全的智能助手体验，并且在巩固已有用户黏性的基础上，通过卡通 IP 形象的传播，吸引更多的新用户，为公司未来的发展打下良好的基础。该公司的负责人希望你根据公司定位设计一个 **IP 形象**并导出三视图、结构图和主形象，提交一张展示页。在各方确认无误后，该 IP 形象将用于公司产品宣传。

【任务书】

项目名称：小豌豆卡通形象设计。

项目资料：为小豌豆语音助手设计一个虚拟形象，要求形象可爱、亲切，带有品牌 LOGO，并使用品牌色。

项目要求

（1）卡通风格，以豌豆为 IP 原型。

（2）形象可爱、亲切，带有品牌文字标识。

（3）导出三视图、结构图和主形象。

项目文件制作要求

（1）将文件夹命名为“name_ 小豌豆卡通形象设计 _date”（name 代表你的姓名，date 要包含年、月、日）。

（2）此文件夹包括 C4D 渲染后的 JPG 格式文件、经 Photoshop 后期处理的 JPG 格式文件、C4D 格式工程文件、包含 tex 贴图的文件夹、PSD 格式文件。

（3）主形象尺寸为 1200px × 1200px，展示页尺寸为 1920px × 1080px，颜色模式为 RGB，分辨率为 72ppi。

完成时间

8 小时。

【任务拆解】

1. 草图设计。
2. 用体积建模制作 IP 形象的外形。
3. 用生成器制作五官和四肢。
4. 用生成器和变形器制作文字标识。
5. 架设摄像机。
6. IP 形象灯光架设。
7. 给 IP 形象添加 OC 材质。
8. 导出三视图。
9. 后期制作。

【工作准备】

在进行本项目前，需要巩固以下知识点。

1. 了解卡通 IP 形象设计。
2. 体积建模要点。
3. B- 样条和对称生成器。
4. 拓扑插件的使用。
5. 重复纹理材质制作方法。
6. 弯曲对象制作要点。
7. OC 无缝背景制作。
8. 后期场景合成。

如果已经掌握相关知识，可跳过这部分，开始工作实施。

知识点 1　了解卡通 IP 形象设计

IP 形象是联系品牌与用户情感的桥梁，是品牌故事和价值观的生动表达，而卡通风格的 IP 形象是吸引年轻用户的有力工具。可爱、活泼的卡通形象往往能够迅速吸引用户的目光，增加品牌的亲和力和可信度，从而提升用户黏性，帮助品牌与用户建立长期稳固的情感连接，促进品牌价值的传播。

比如，电商平台会以 LOGO 为基础设计出卡通 IP 形象，如图 4-1 所示。

图4-1

卡通风格的 IP 形象在教育产品领域和儿童产品领域中非常常见。绘本、盲盒、教育游戏、学习资料等产品和服务可以使用卡通形象 IP 设计来吸引孩子们和家长的注意力。如图 4-2 所示，创造有趣的角色和世界，可以吸引用户目光，达到促进销售的目的。

体育团队也经常使用 IP 形象来建立独特的标识符号。队标志、队服、吉祥物等都是 IP 形象的一部分，可以增强粉丝忠诚度，如图 4-3 所示。

城市和旅游目的地也可以利用独特的 IP 形象设计来提升其知名度和吸引力。城市标志、旅游推广物料、城市形象代言人等都可以通过 IP 形象来塑造城市的个性和独特形象，吸引游客和投资者，如图 4-4 所示。

图4-2

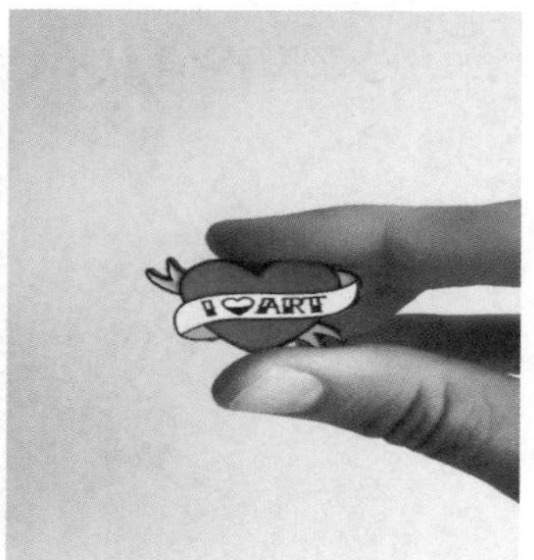

图4-3

图4-4

知识点 2　体积建模要点

在 C4D 中，体积建模是一种创新的三维建模技术，与传统的顶点和面建模方法不同，它是基于体素（体积像素）的概念，通过对空间进行分割和操作，创造出复杂的三维形状。

体素是立方体的三维单元，是体积建模的基本单元，它包含了几何体和属性信息。通过调整体素的分辨率，设计师可以控制体积建模的细节级别，从而塑造出各种有机形状、流体效果以及其他复杂的几何体，如图 4-5 所示。

图4-5

相比传统建模方式，体积建模可以在三维空间中划分和操作体素，从而更加自由、精确地控制形状。另外，体积建模也可以在不损失细节的情况下对模型进行修改，无论是缩放、融合还是扭曲，体积建模都能够保持模型的细节不变。通过布尔运算等方法，体积建模可以快速地创建复杂的模型，并在保持高质量细节的同时优化模型的拓扑。体积建模工具位于 C4D【体积】菜单中，包含【体积生成】和【体积网格】选项，如图 4-6 所示。

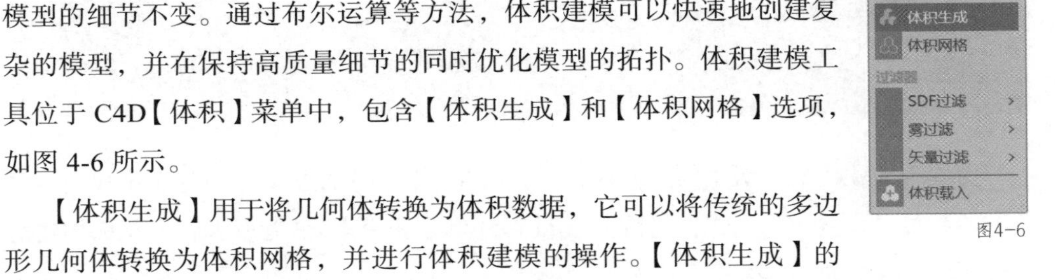

图4-6

【体积生成】用于将几何体转换为体积数据，它可以将传统的多边形几何体转换为体积网格，并进行体积建模的操作。【体积生成】的使用方法非常简单，先创建一个【立方体】和一个【球体】，把它们同时拖入【体积生成】的子级中，就可以使其生效，如图 4-7 所示。

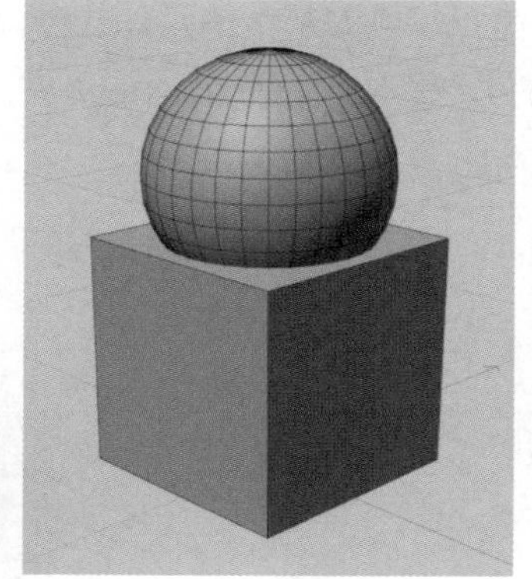

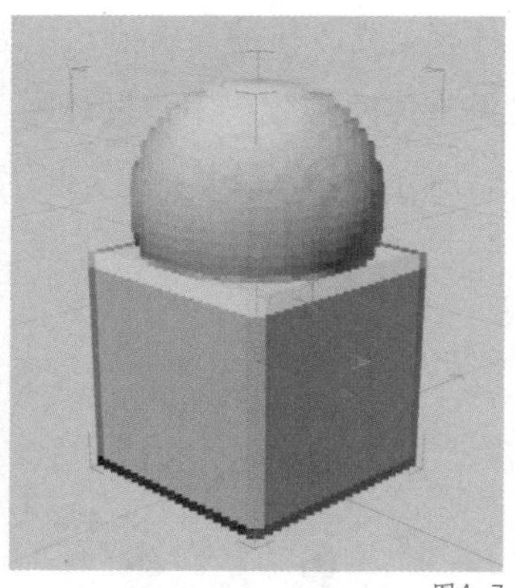

图4-7

选中体积生成对象，可以看到体积生成的属性。通过调节【体素尺寸】的数值可以改变体积对象的精确程度，数值越小，生成的体积对象越清晰、精细。再给生成的体积对象添加【SDF 平滑】效果，就可以使生成的体积对象更加圆润平滑，如图 4-8 所示。

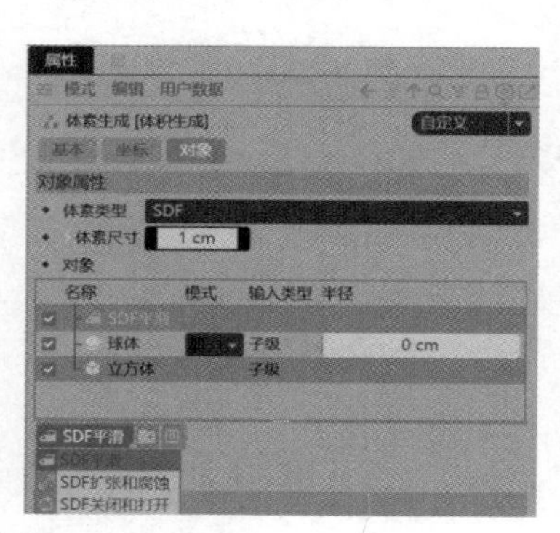

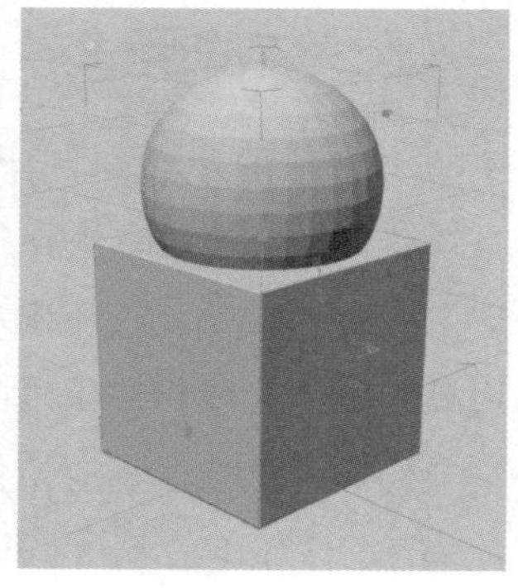

图4-8

而处于体积生成子级中的几何体，都可以在【属性】面板的【对象】中找到。每个对象都可以设置布尔模式，包括【加】【减】和【相交】3 种运算模式，从而构建复杂的形状，效果如图 4-9 所示。

【体积生成】的子级对象数量可以有很多，只要不断复制球体，使其位置和立方体的表面有接触，并在体积生成中把球体的布尔模式都设置成【减】模式，就可以得到如图 4-10 所示的模型。

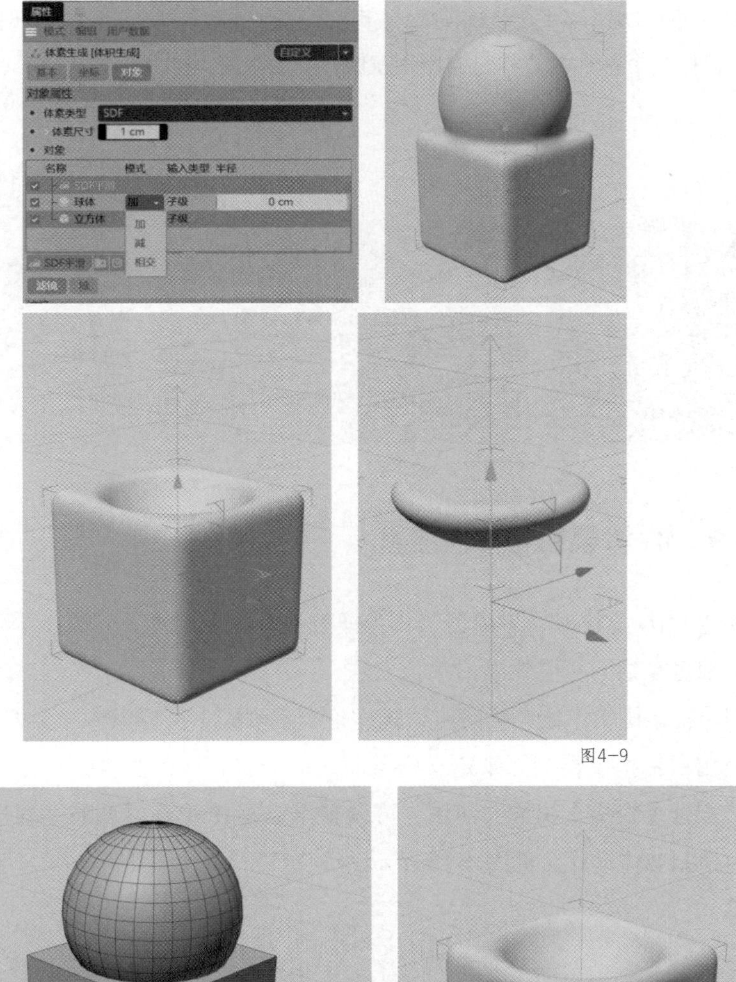

图4-9

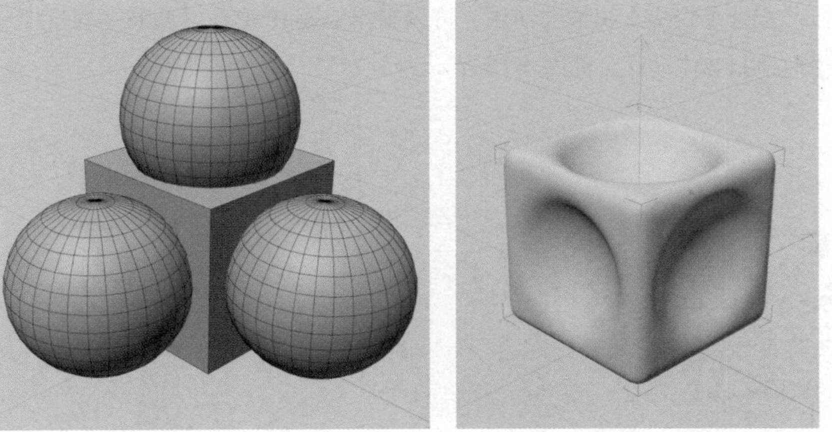

图4-10

体积生成的模型，是不能被渲染出来的。在调整好体积生成的模型后，还需要添加【体积网格】工具，它是将体积数据转换为多边形几何体的工具，它根据体素网格的体积信息生成几何体表面，以便渲染和导出。创建体积网格后，把体积生成及子级的全部模型一起拖入体积网格的子级中。调整体积网格的【自适应】数值，并优化模型表面的布线数量，这样一个基本的体积建模模型就做好了，如图 4-11 所示。

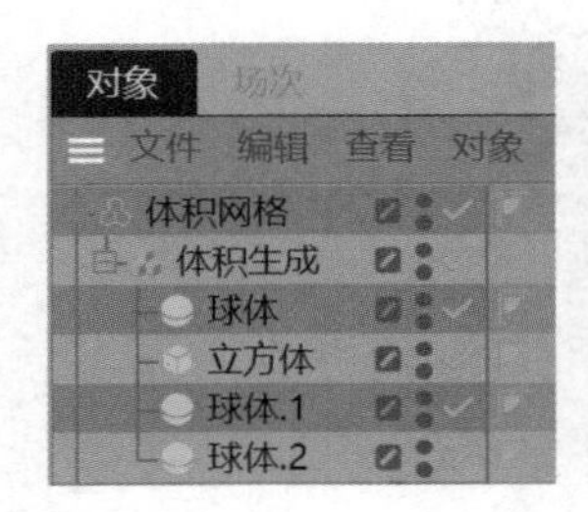

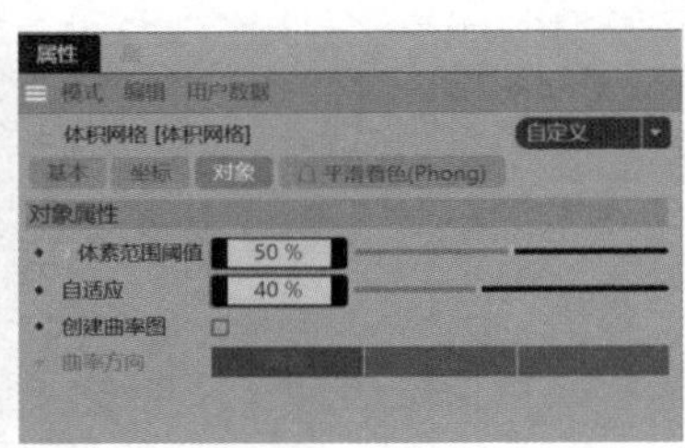

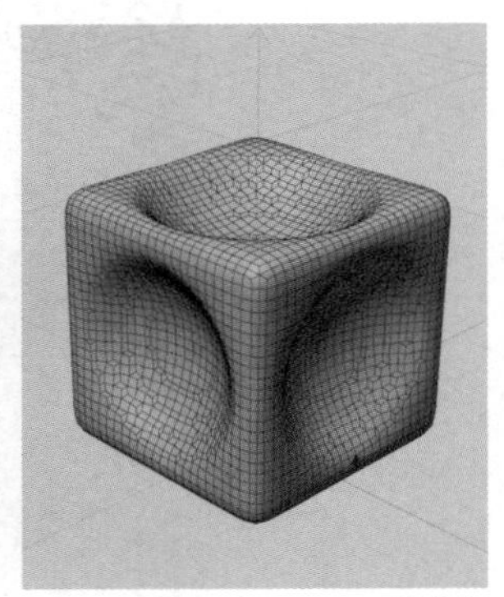

图4-11

知识点 3　B- 样条和对称生成器

在使用 C4D 建模时，生成器工具和样条都有许多模式可以选择，灵活使用这些模式可以实现更复杂的建模效果。

使用【样条画笔】绘制样条时，把样条类型改成【B-样条】，可以使样条曲线更为平滑。使用鼠标拖曳控制点来定义样条曲线的形状，样条曲线就会在控制点之间平滑地过渡。配合【扫描】生成器使用，可以制作卡通 IP 形象的四肢，通过控制点，可以更方便地控制肢体动作，如图 4-12 所示。

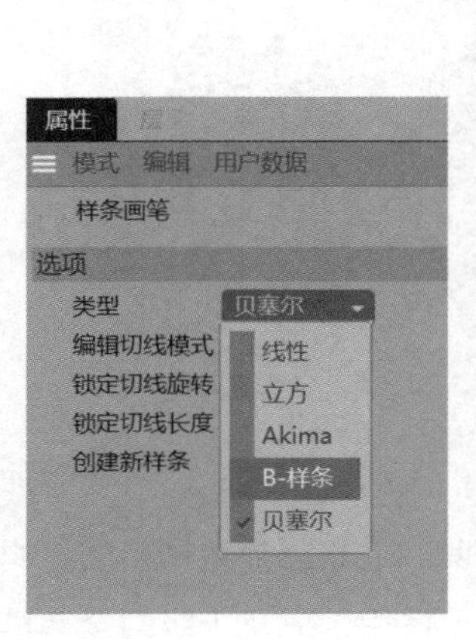

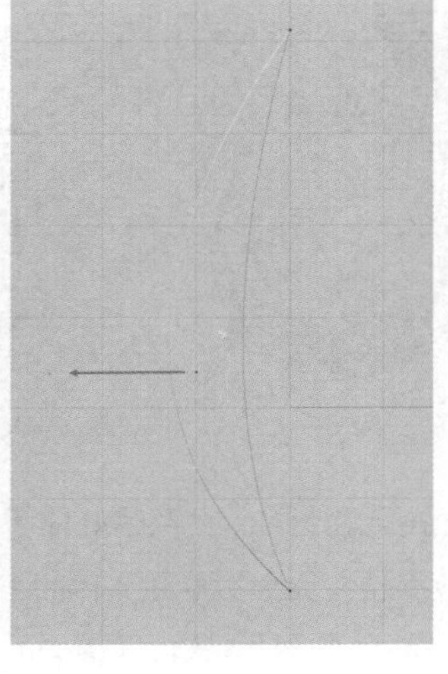
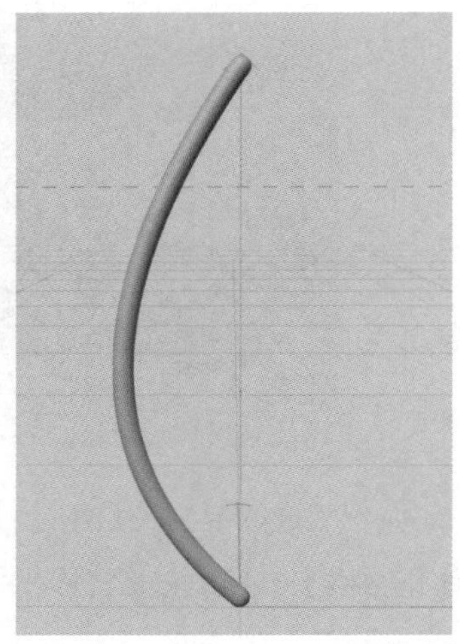

图4-12

【对称】生成器是一个非常好用的工具，主要用来在对称模型的一侧进行修改，同时自动将修改应用到模型的另一侧，以保持模型的对称性。这个工具位于【创建】菜单的【生成器】子菜单中，如图 4-13 所示。

【对称】生成器的使用方式和其他生成器类似。把制作好的半边模型拖入【对称】的子级中，同时会在 X 轴的另外一侧出现对称的模型。当编辑和修改其中一侧模型时，另一侧会在视图窗口实时更新，如图 4-14 所示。如果想要更改对称轴，可以在【属性】面板中切换。

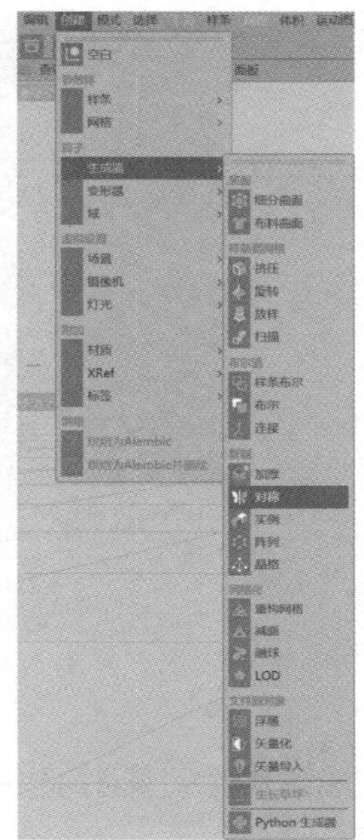

图4-13

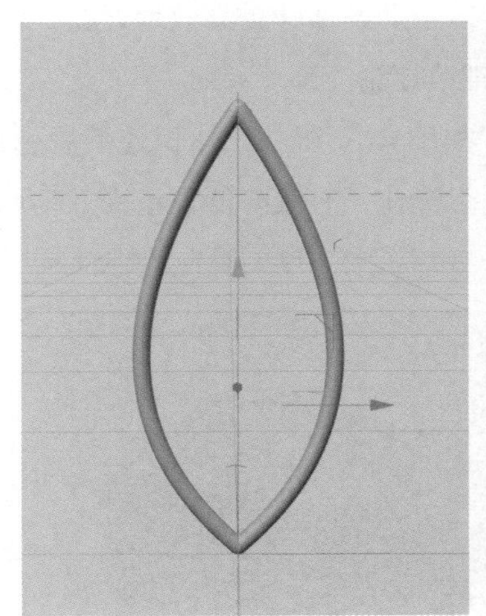

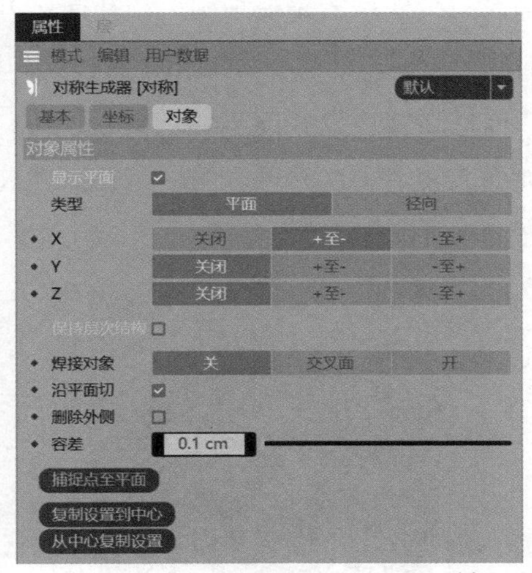

图4-14

除了更改对称平面，还可以在【属性】面板中将对称方式切换成【径向】对称。另外，在【属性】面板中还可以选择切片数量和轴向，通过尝试不同的切片数量和轴向，以实现更丰富的效果，如图 4-15 所示。

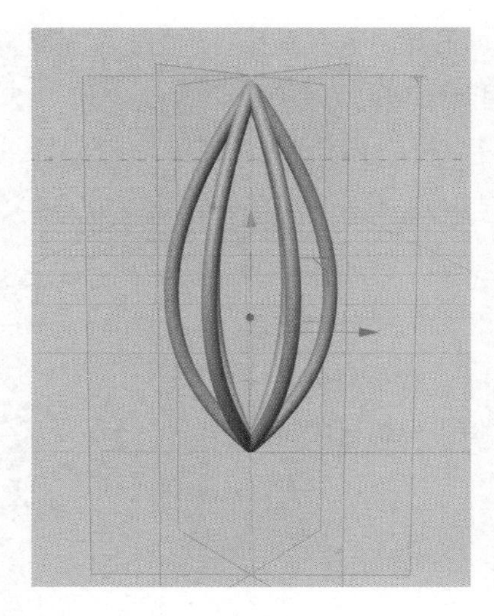

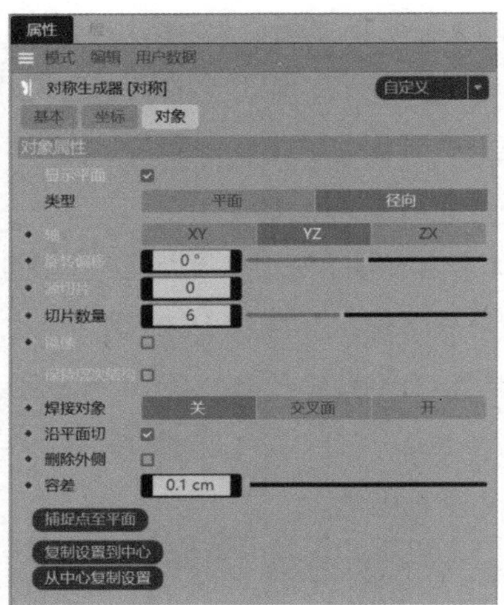

图4-15

知识点 4　拓扑插件的使用

拓扑插件是一类用于三维建模软件的插件，它们提供了特定的工具和功能，用于优化和修改三维模型的拓扑结构。拓扑插件可以帮助设计师更高效地建模、修改和优化复杂的几何体，以获得更好的拓扑流畅性和细节控制。

拓扑插件通常可以和体积建模配合使用，如图 4-16 所示，体积建模后越是平滑，模型表面面数越多。这时可以使用拓扑插件进行优化，有效降低模型面数，以使布线更为清晰，节省硬件资源。

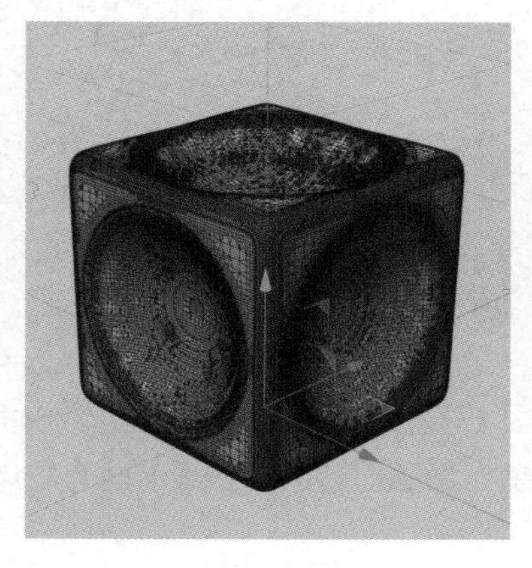

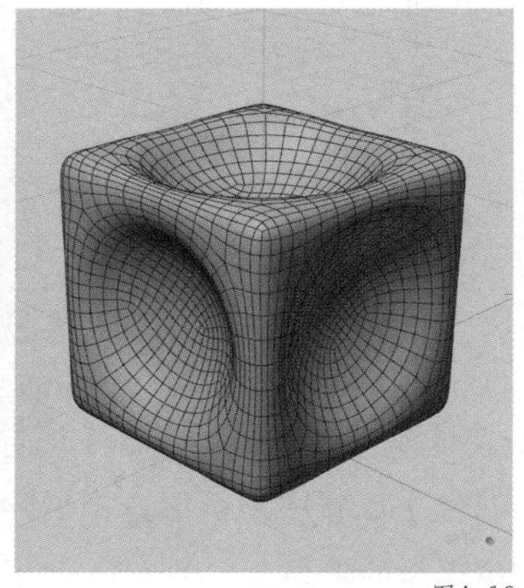

图4-16

使用插件前，需要把体积建模对象转为单体对象。操作方法是在【对象】面板中选中【体积网格】对象，单击鼠标右键，选择菜单中的【当前状态转对象】选项，如图 4-17 所示，这样就可以把体积建模的模型转化出来，体积网格对象可以隐藏备份。

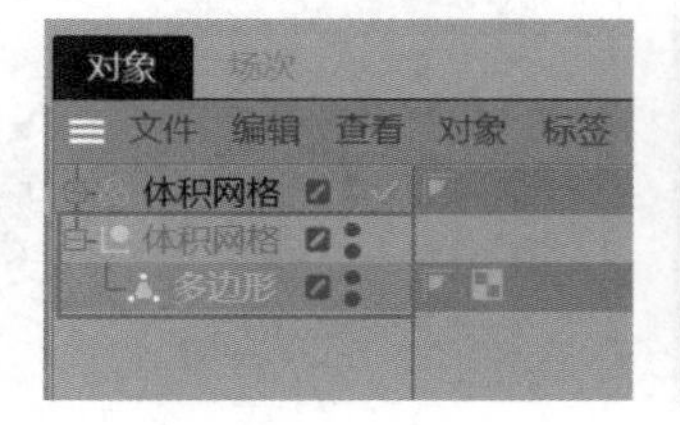

图4-17

所有安装的插件都可以在 C4D【扩展】菜单中找到。选中转化出来的体积建模对象，单击【扩展】中的【Quad Remesher 1.1】选项，单击【开始修复】按钮，就可以把模型对象转为漂亮的四边面了，如图 4-18 所示。

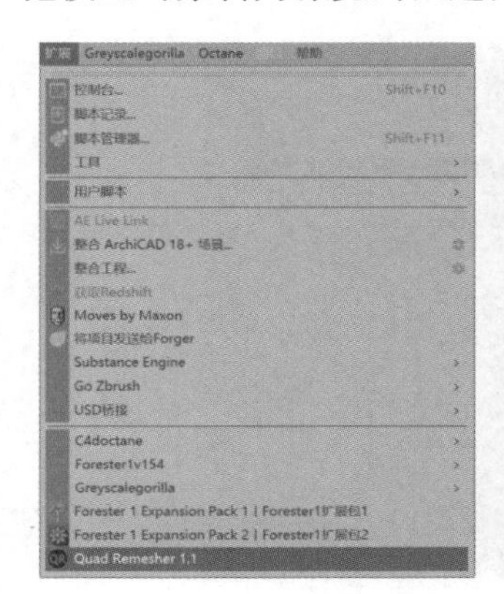

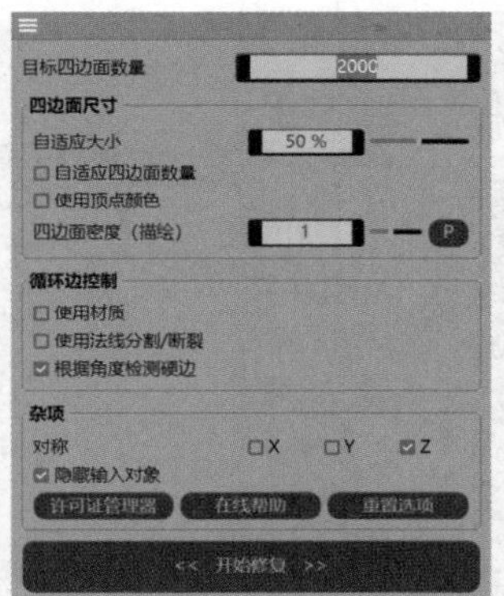

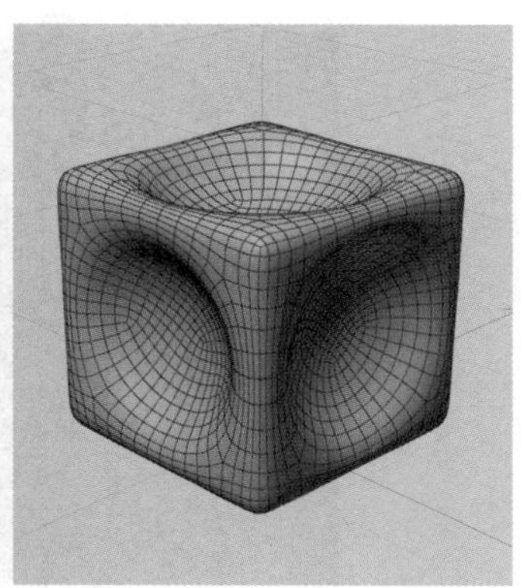

图4-18

知识点 5　重复纹理材质制作方法

重复纹理材质是一种在物体上创建重复图案和纹理的材质类型，这种材质将图案或纹理在模型表面上平铺或重复，形成连续的图案。

为了实现重复纹理，可以使用程序节点和重复纹理贴图两种方式。程序节点在 OC 节点编辑器中首选【棋盘格】选项，如图 4-19 所示。不确定效果时，可以先创建几个几何体测试纹理效果。

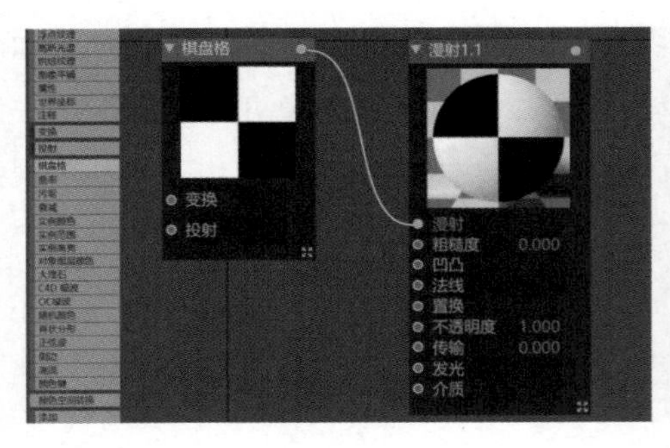

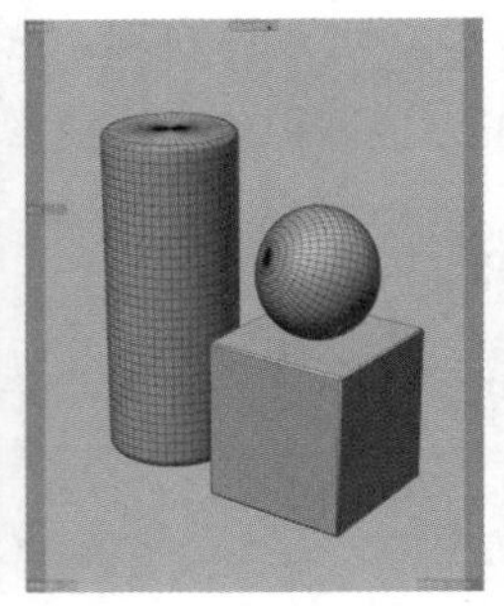

图4-19

添加【棋盘格】节点后可以看到模型表面产生了黑白相间的纹理，此时再给棋盘格添加【变换】效果，通过调整 X 轴和 Y 轴的缩放值，就可以得到竖条纹或者横条纹的效果，如图 4-20 所示。

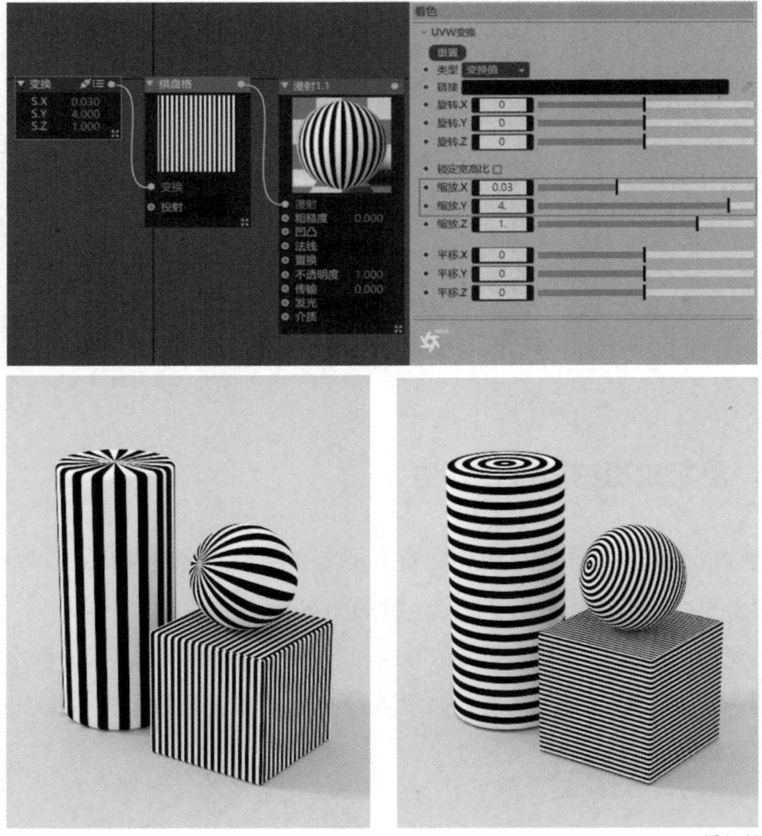

图4-20

也可以通过添加图像节点来达到不同的效果。在节点中添加不同的重复纹理图片，使其连续重复，形成复杂的纹理材质，如图 4-21 所示。

图4-21

知识点 6　弯曲对象制作要点

【弯曲】变形器在建模、动画制作和特效制作中用于创建弯曲的物体，形成形变效果。在制作卡通 IP 形象或者产品建模时，可以使用它来使文字或标志模型弯曲以贴合曲面。【弯曲】变形器位于 C4D【创建】菜单的【变形器】子菜单中，如图 4-22 所示，单击【弯曲】选项即可创建【弯曲】变形器。

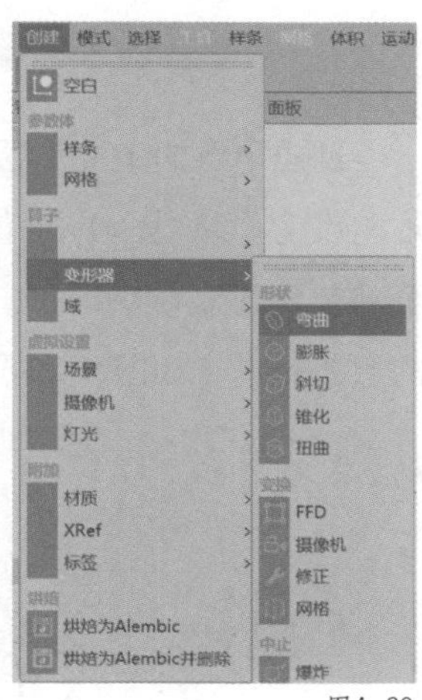

图4-22

在使用【弯曲】变形器前需要有一个基础的几何体或模型作为目标对象，可以是已制作的立体字，也可以是已绘制的 LOGO。这里以立体字为例。创建【文本】样条，输入文字调整字形，再创建【挤压】生成器把字体制作出厚度，如图 4-23 所示。

图4-23

在使用【弯曲】变形器时要注意保持几何体的拓扑结构，以避免出现意外的形变，所以在创建挤压后，调整文本样条的【点差值方式】为【细分】，使立体字侧面分段均匀分布，再把挤压的【封盖和倒角】中的【细分】改成【Delaunay】，文字的正面便有了相对均匀的布线，如图 4-24 所示，这样再使用变形器时不易出错。

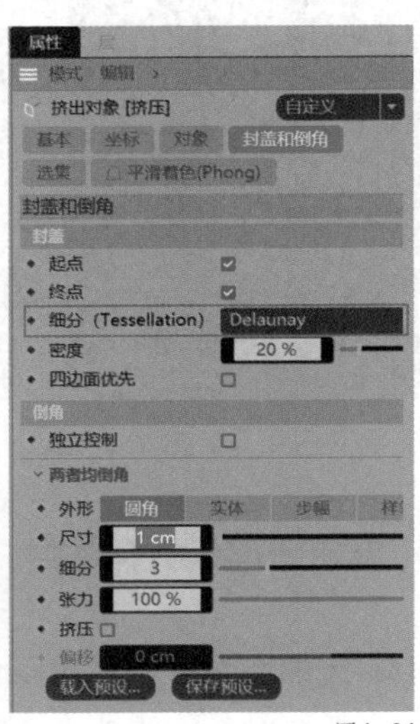

图4-24

创建【弯曲】变形器，把它置于挤压对象的子级中，将【属性】面板中的【对齐】轴向设为【X+】，单击【匹配到父级】按钮，使变形器作用到文字上，确保紫色边框全部包含住立体字即可。在弯曲【属性】面板中调整【强度】数值，使文字产生不同的弯曲效果，如图 4-25 所示。

图4-25

知识点 7　OC 无缝背景制作

为了更清晰地展示产品，在创建场景时通常要求背景简单、干净，最简单的方法就是用两个平面做地面和背板。但两个平面相交的地方会有一条明显的接缝，一个解决办法是用L形背板柔化接缝。如果需要背景更简单，还可以选择制作无缝背景，既保留地面的阴影关系，又能得到纯色的背景。图4-26所示分别是接缝背景、L形背板及无缝背景的效果。

图4-26

无缝背景的制作要点有两个。

一个要点体现在背景部分。在OC渲染器中设置好灯光和环境后，添加【Octane纹理环境】对象，将【纹理】中的【RGB颜色】设置成需要的背景色，将【类型】设为【可见环境】，如图4-27所示，这样它将只是作为背景存在，而不会影响模型的反射。

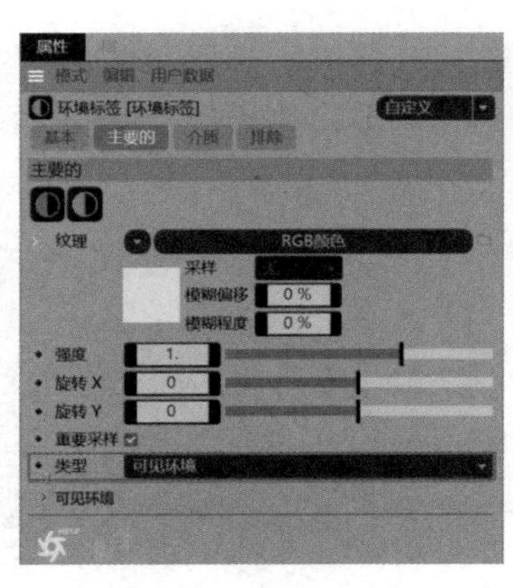

图4-27

另一个要点体现在地面部分。先创建一个“圆盘”当作地面，再创建一个【Octane漫射】材质球，勾选【公用】通道的【阴影捕捉】，如图4-28所示。把这个材质球赋予地面的圆盘，这样Octane渲染器的无缝背景也做好了。

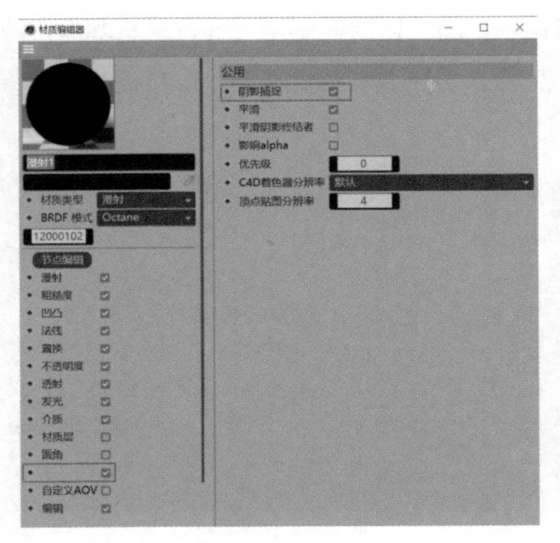

图4-28

知识点 8　后期场景合成

在设计卡通 IP 形象或者产品图时，有时会需要用结构图来向他人展示设计的三维布线情况，这可以在 C4D 的默认渲染器中渲染出来。

首先在【视图】窗口中删掉背景部分，把制作的主体模型的各部分分段降低，体积建模的部分使用拓扑插件重新布线，使其结构清晰。要注意，主体模型的表面分段不要过于密集。然后打开【渲染设置】窗口，在【效果】中添加【线描渲染器】，如图 4-29 所示。

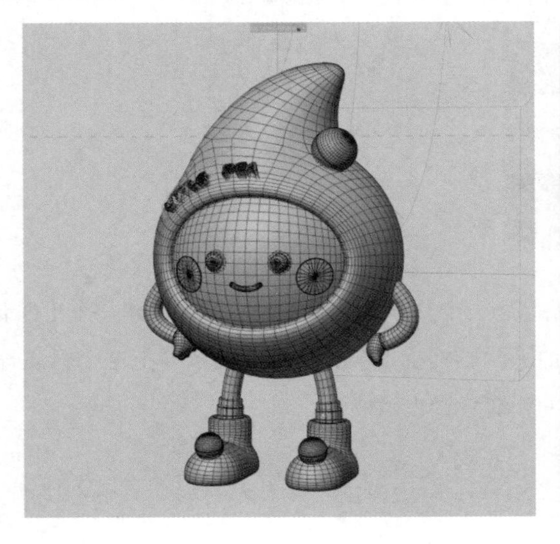
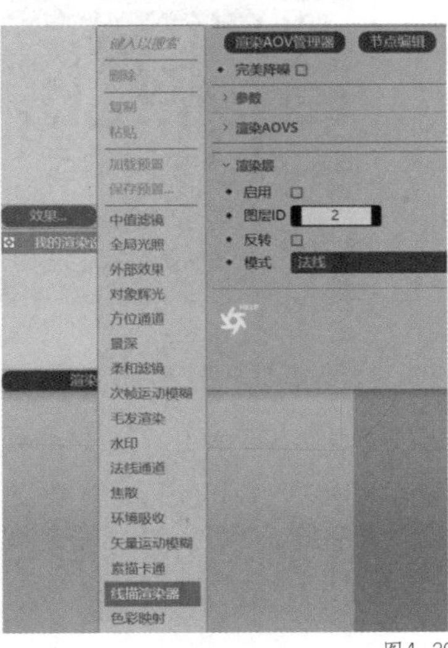

图4-29

渲染器类型选择【标准】，并在【线描渲染器】中勾选【边缘】，渲染后就可以得到一张布线结构的白底图了，如图 4-30 所示。

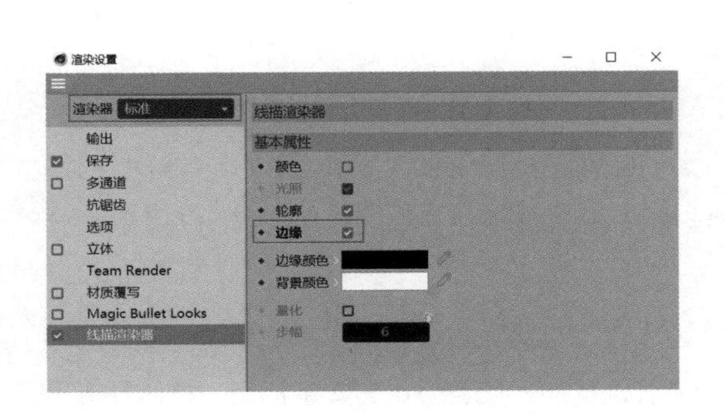

图4-30

再渲染一张白膜图。在任意渲染器中，为背景和主体添加白色材质球，只保留光影关系。然后在 Photoshop 中打开白膜图，把线稿图叠加在白膜图上方，图层模式选择【正片叠底】，这样就能够得到白底结构图了，如图 4-31 所示。

图4-31

【工作实施和交付】

根据需求文档，确定实施步骤。首先为卡通 IP 形象绘制结构草图，再在 C4D 中创建模型，包括身体、四肢、表情和配饰等，尽量完整还原草图形态，颜色、材质等设置根据实物和品牌色确定。然后，给 IP 形象制作一个无缝背景以便于更好地展示形象，整体渲染调色后增加文字排版，最终交付合格的图片。

草图设计

根据资料分析小豌豆语音助手的人群喜好。卡通 IP 形象设计应该突出其可爱、亲和与智能的特质，同时注重与目标用户的契合。在设计上，形象应该有鲜明的线条和色彩，独特的特征和表情，让它能在一瞬间打动用户的心，成为用户喜爱的互动伙伴。

根据豌豆的原型，在纸上设计出一个拟人化的小豌豆，绘制出黑黑的眼睛、胖胖的脸蛋和可爱的微笑，萌态十足。在脸部上方显著位置加入代表公司的文字标识，整体外形尽量简约而现代，充满活力和年轻感，如图 4-32 所示。

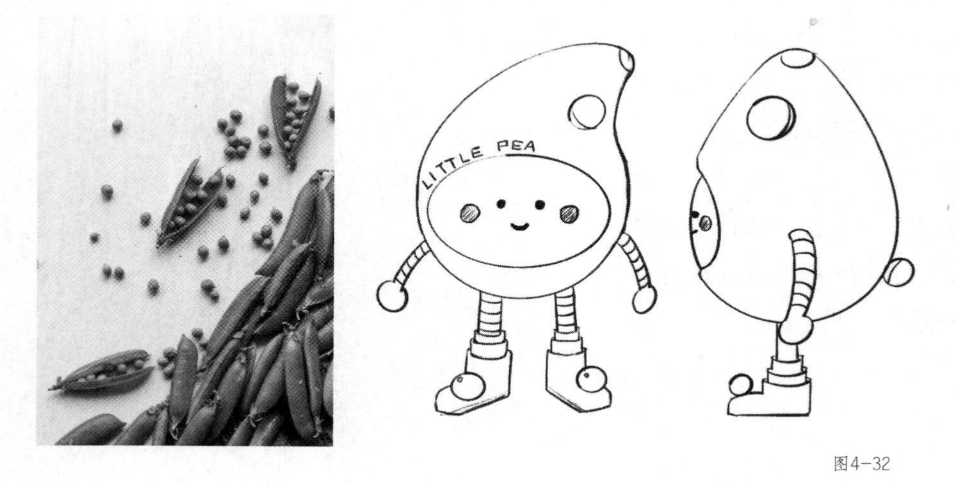

图4-32

用体积建模制作 IP 形象的外形

在 C4D 中，根据草图制作头部模型。创建一个球体和一个角锥，组合形成水滴状，增加角锥表面分段，在子级中添加【弯曲】变形器，使角锥向 X 轴正方向弯曲，再在球体内部和正面创建两个小一些的球体备用，如图 4-33 所示。

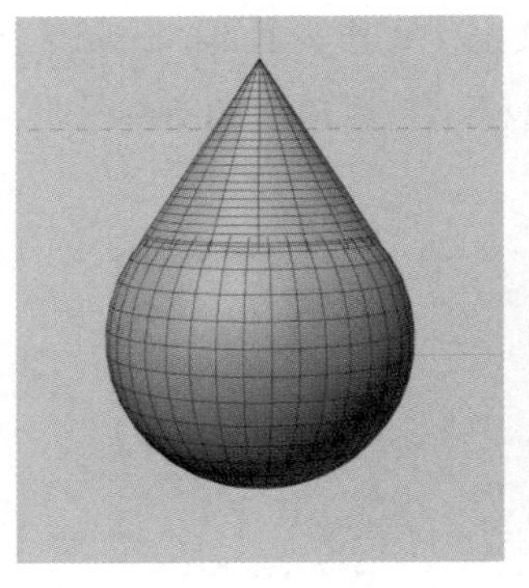
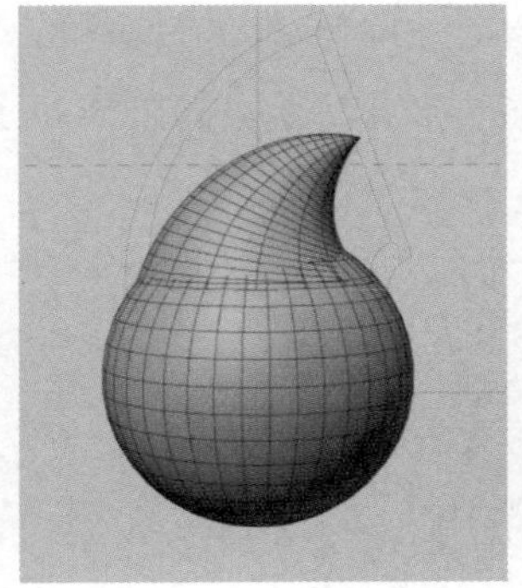
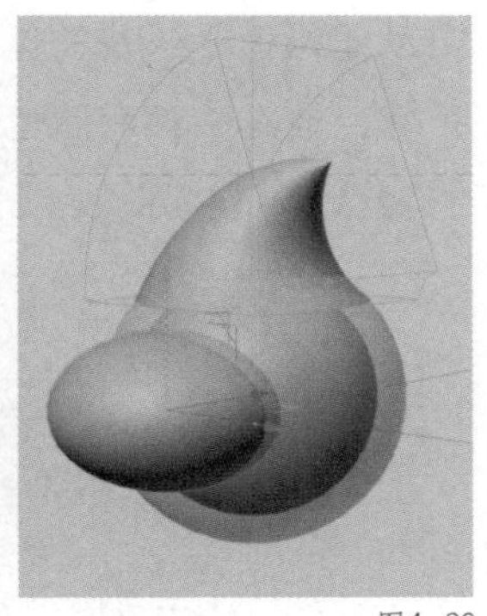

图4-33

创建【体积生成】工具，把所有几何对象拖入【体积生成】的子级，修改体积生成的体素尺寸，使它尽量小一些。再把备用的两个小球体的布尔类型改成【减】，使模型被挖空。给这个模型创建【SDF平滑】效果器，使模型的表面光滑、平整，如图4-34所示。

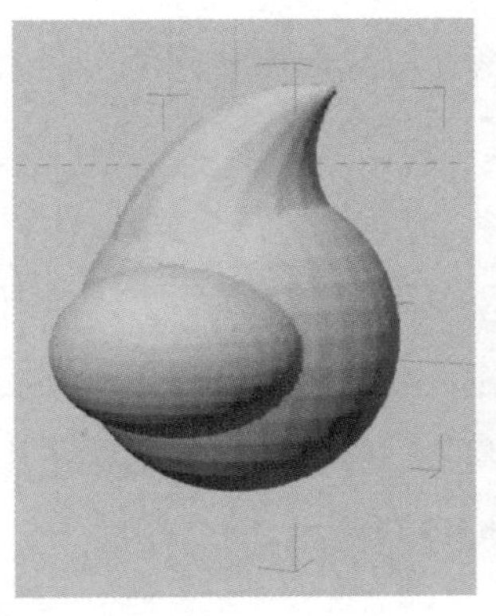
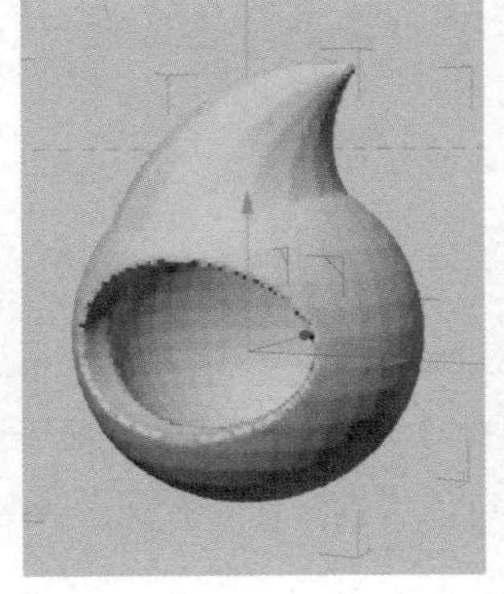
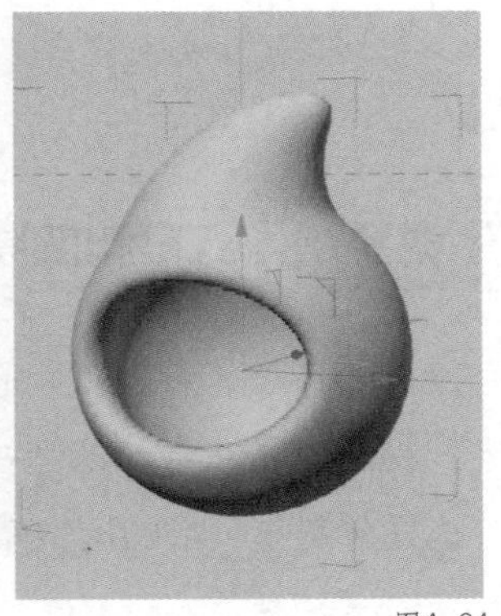

图4-34

创建头部的【体积网格】，把【体积生成】拖入【体积网格】的子级，把体积信息生成几何体表面，以便进行渲染和导出，如图4-35所示。

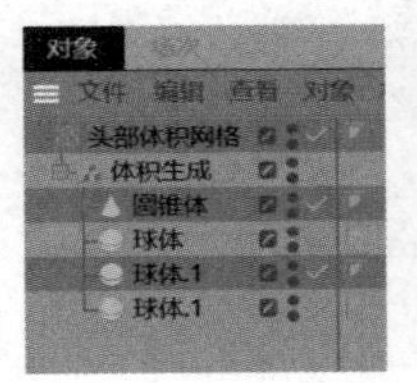

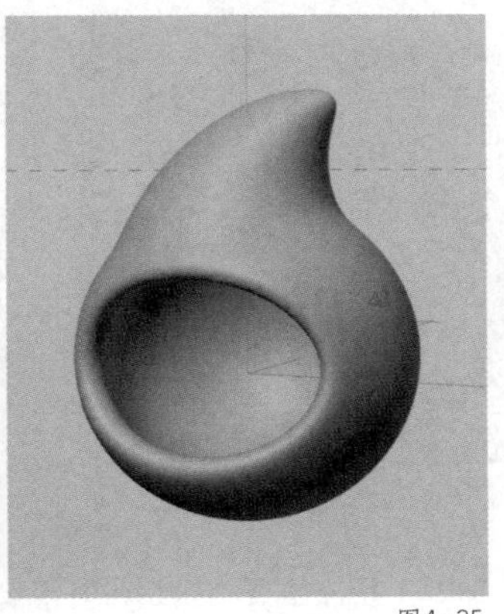

图4-35

再创建两个小一些的球体，一个球体放在头部的镂空位置作为脸部，另一个球体缩小尺寸后放在头顶弯曲位置，当作小豌豆的装饰，这样小豌豆模型的头部外形就做好了，如图 4-36 所示。

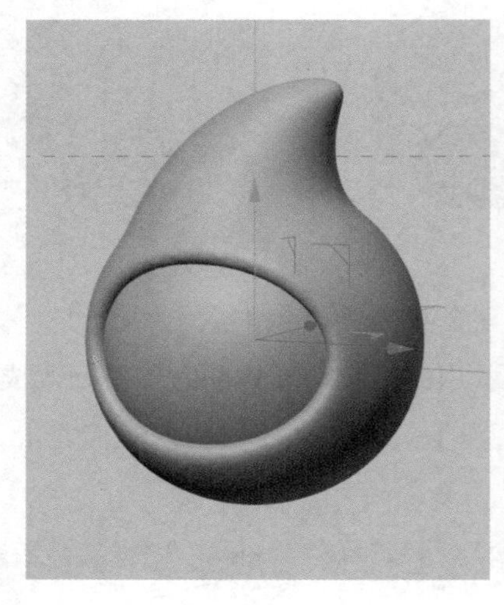

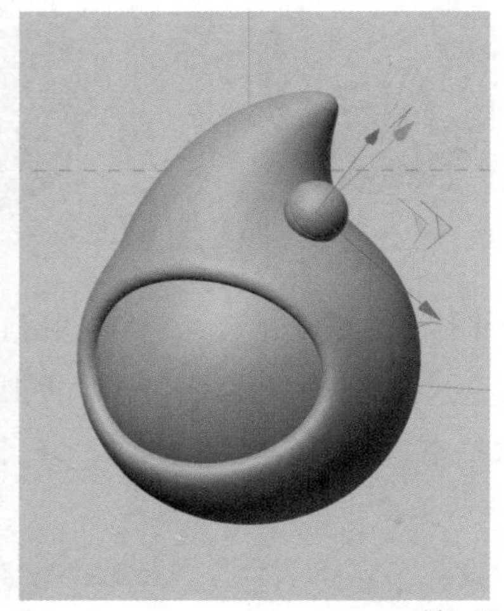

图4-36

用生成器制作五官和四肢

根据参考图，眼睛可以通过组合球体和圆环面来构建；嘴巴用【弧线】样条扫描而出；腮红使用非常薄的圆柱体。为了位置精确且便于调整，可以加入【对称】生成器，这样只制作一半的模型就可以得到对称的五官，如图 4-37 所示。

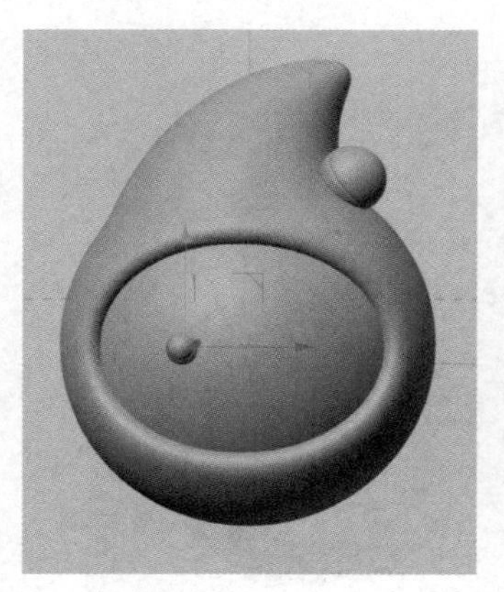

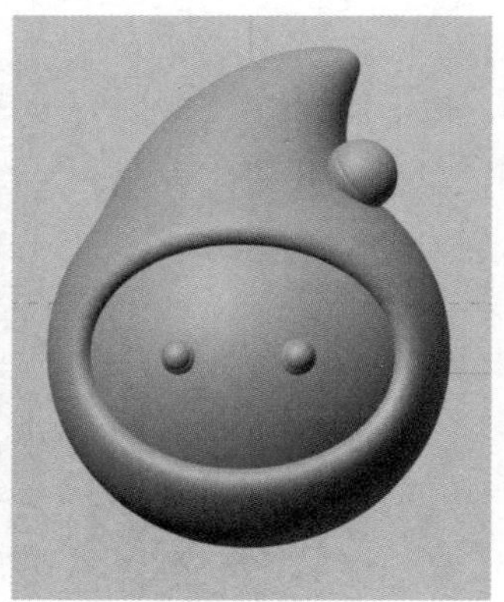

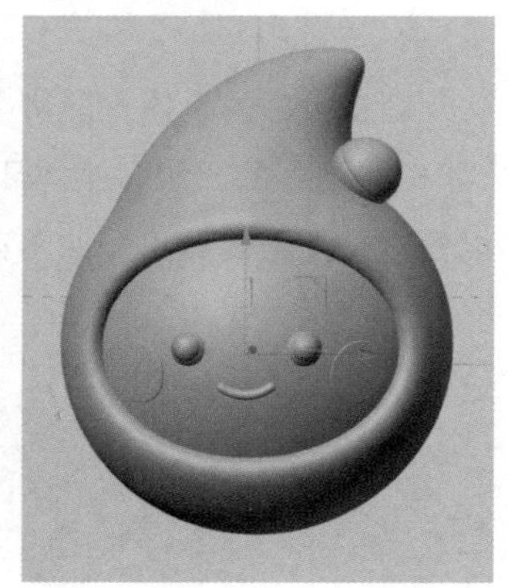

图4-37

使用【画笔】工具绘制手臂和腿部的弧形样条。样条类型选择【B- 样条】，然后扫描出模型，同样拖入【对称】生成器的子级，这样四肢主干部分就做好了。腿部同位复制两个扫描对象，加大扫描的横截面圆环半径，再调整扫描属性中的【开始生长】数值，做出堆叠的袜子样式，如图 4-38 所示。

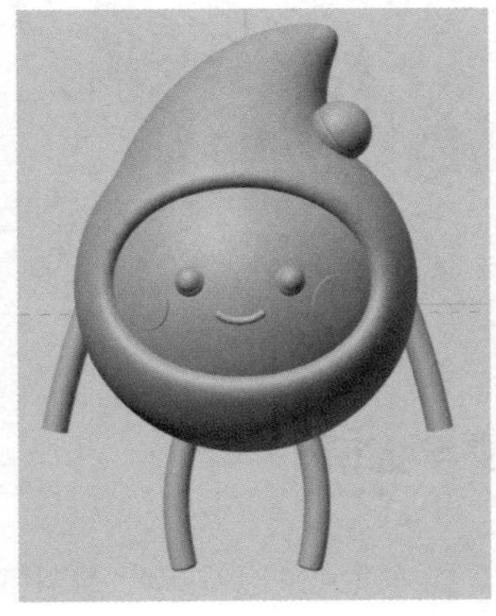
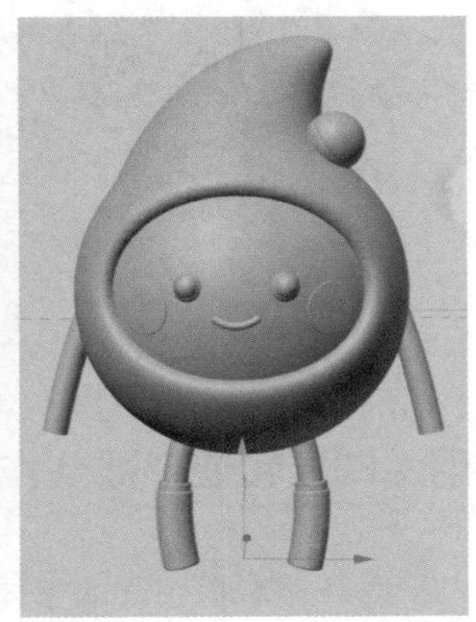

图4-38

鞋子部分同样使用体积建模的方式制作。主体用一个【胶囊】和一个【管道】相加，利用【立方体】使底部更平整，最后加入【SDF 平滑】，使模型整体更圆润，如图 4-39 所示。

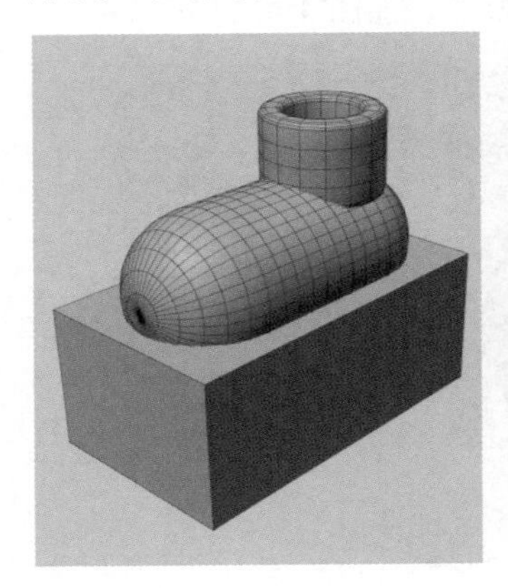
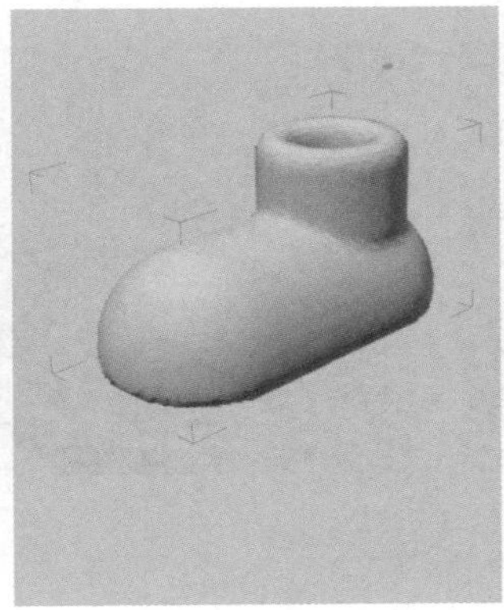
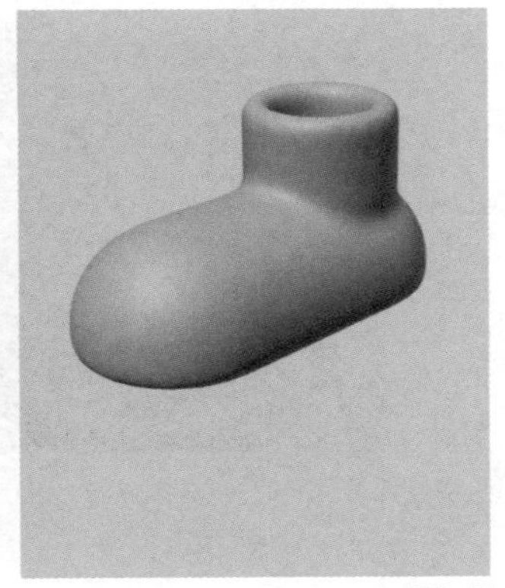

图4-39

把鞋子模型移动到腿部底端，调整大小使其匹配，并将其拖入【对称】生成器的子级，再在鞋面上创建一个【球体】模型作为豆子装饰。

使用与制作鞋子相同的方法，用球体模拟手掌，用圆柱体模拟手指，然后用体积建模生成手部模型。将制作好的手部模型移动到手臂的底端，调整手臂的 B- 样条角度，做出叉腰的动作。同时调整手指位置，使 IP 形象的动作更自然，如图 4-40 所示。

图4-40

用生成器和变形器制作文字标识

选择相对粗一些的字体，输入企业的 LOGO，做出立体字效果，然后在文本的子级中加入【弯曲】变形器，调整方向和弯曲度，使 LOGO 贴合 IP 形象的头部曲面。如果一个变形器不能达到理想效果，可以再添加一个【弯曲】变形器，直至 LOGO 曲线达到预想位置，完全贴合头部。这样 IP 形象的主体就做好了，如图 4-41 所示。

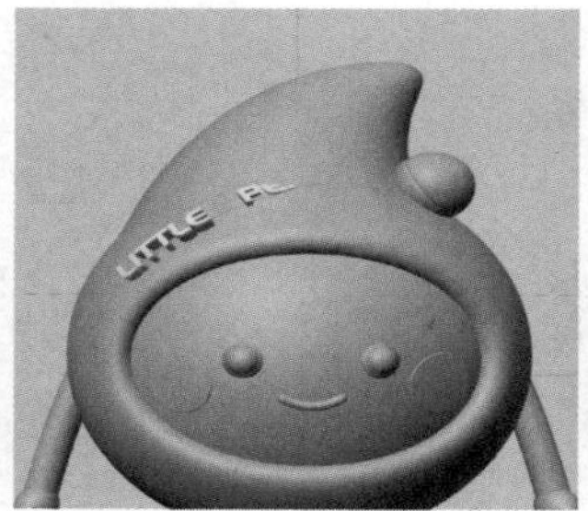

图4-41

架设摄像机

创建【Octane 摄像机】，将【焦距】设为适合小场景的数值，参考值为 80mm（毫米），并且给 IP 形象固定一个斜侧视角，如图 4-42 所示。

图4-42

IP 形象灯光架设

打开 OC 渲染器，先进行渲染设置，然后创建【Octane 环境标签】，添加一张户外的 HDRi 贴图，模拟天光效果；再创建一个【Octane 区域光】，移动到 IP 形象的左前方，形成明确的投影；在右侧添加一个【Octane 区域光】，降低亮度，给主体的暗部做补光，注意不要影响整体投影方向，如图 4-43 所示。

图4-43

给 IP 形象添加 OC 材质

创建【Octane 反射材质】，在漫射通道中加入【渐变】节点，调节一个深绿到浅绿过渡的颜色并将其赋予头部。然后复制这个渐变材质球，调节出不同的绿色渐变，分别赋予鞋子、手部和装饰部分，使上下材质色调统一的同时又略有区别，如图 4-44 所示。

图4-44

再创建一个【Octane 漫射材质】，为漫射通道选择一个浅绿色并赋予脸部模型，这样面部颜色更亮、更突出；眼睛和嘴巴都使用比较深的绿色材质；腮红部分选择一个浅粉色进行搭配；针对四肢则可以在漫射通道中加入【棋盘格】节点，通过调节颜色得到深浅交替的纹理，并将这个纹理赋予腿部和手臂模型；头顶的 LOGO 部分使用最亮的白色材质，使它明显一些，如图 4-45 所示。

图4-45

导出三视图

复制 IP 形象模型文件，将其手臂展开呈自然下垂。再复制该模型组，调节旋转数

值分别为 –90° 和 180° ，给模型的侧面、正面和背面都渲染出来，得到三视图，最后使用默认的渲染器，渲染出一张线稿图，如图 4-46 所示。

图4–46

后期制作

在 Photoshop 中打开制作好的线稿图、三视图和主形象，加入企业 LOGO 和模型的文字说明，并对整体画面进行排版，做出展示页，如图 4-47 所示。调整完成后就可以保存文件并打包交付了。

图4–47

把所有文件一起保存到新建的文件夹中，并将文件夹命名为“uu_ 小豌豆卡通形象设计 _20230820”(你也可以根据需要更改名字和日期)，就可以交付工作了，如图 4-48 所示。

图4-48

【拓展知识】

知识点　体积建模的其他用法

除了可以通过几何体转换生成体积数据，还可以识别样条对象。如图 4-49 所示，创建一个【螺旋线】样条，直接把样条拖入【体积生成】中也是可以生成体积数据的。

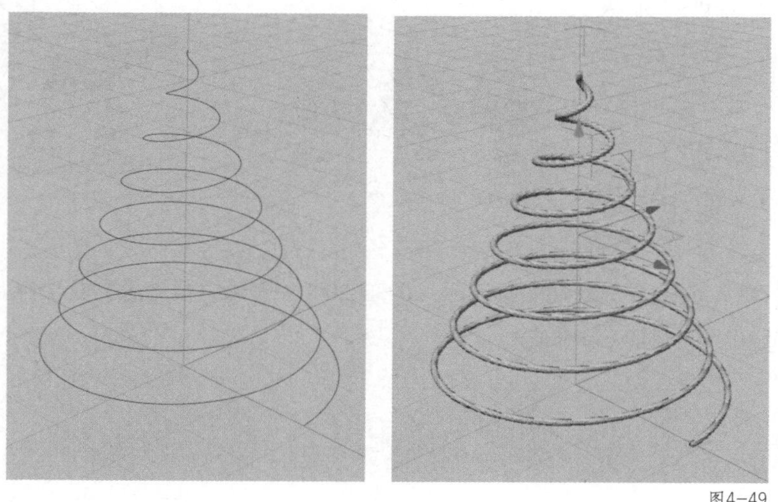

图4-49

在体积生成属性的【对象】中，选中样条，可以调整生成样条的【半径】和【密度】，控制样条的粗细，如图 4-50 所示。

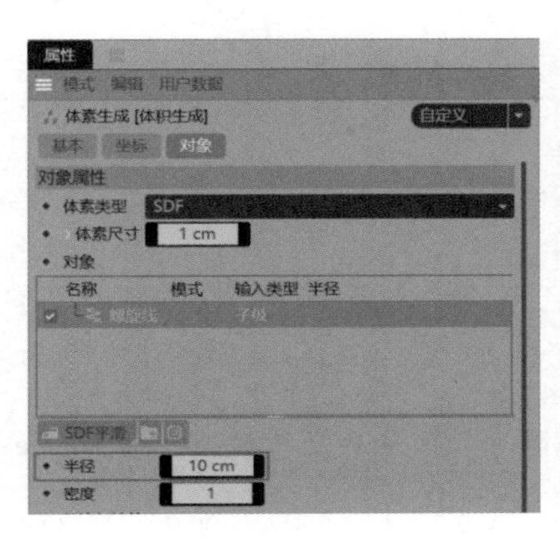

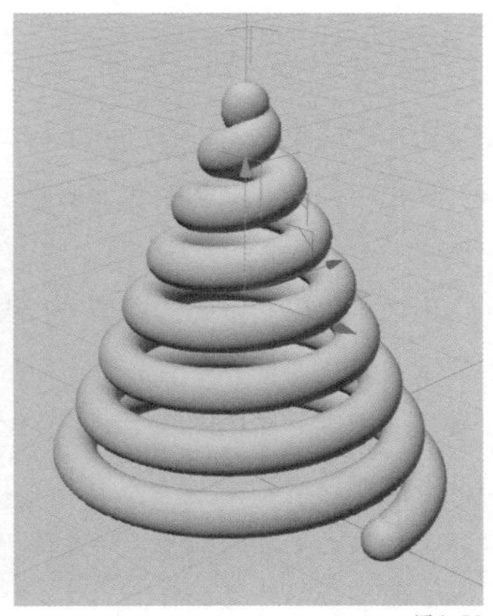

图4-50

同样，样条和几何体模型之间也可以进行布尔运算。添加更多的【球体】和【胶囊】，移动这些模型的位置使其与样条穿插，并在体积生成的属性中设置球体布尔类型为【加】或者【减】，就可以产生冰激凌融化的效果，如图 4-51 所示。

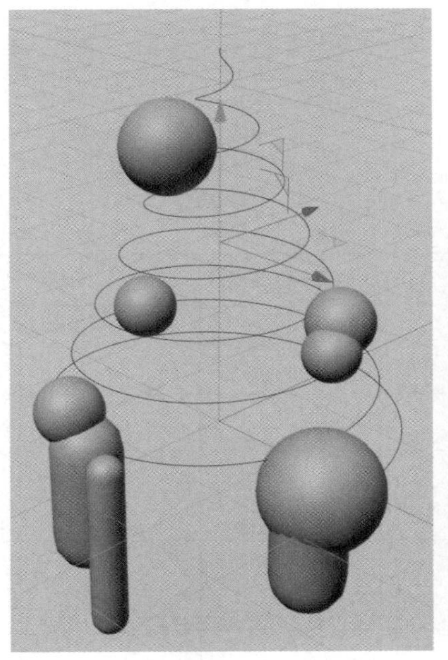

图4-51

【作业】

公司要给小蜜蜂单词机设计一款卡通风格 IP 形象，用于线上推广，需要你进行 **IP 形象设计**并导出三视图、结构图和主形象，做成一张展示页。

项目要求

（1）卡通风格，以小蜜蜂为原型进行设计。

（2）形象可爱、亲切，带有品牌文字标识“Little Bee”。

（3）导出三视图、结构图和主形象。

项目文件制作要求

（1）将文件夹命名为“name_ 小蜜蜂单词机卡通 IP 形象设计 _date”（name 代表你的姓名，date 要包含年、月、日）。

（2）此文件夹包括 C4D 渲染后的 JPG 格式文件、经 Photoshop 后期处理的 JPG 格式文件、C4D 格式工程文件、包含 tex 贴图的文件夹、PSD 格式文件。

（3）主形象尺寸为 1200px × 1200px，展示页尺寸为 1920px × 1080px，颜色模式为 RGB，分辨率为 72ppi。

完成时间

8 小时。

【作业评价】

序号	评测内容	评分标准	分值	自评	互评	师评	综合得分
01	外形设计	是否符合设计需求； 结构是否合理；比例是否正常	20				
02	配色	配色是否符合任务需求	20				
03	建模	是否与设计图一致； 布线是否均匀；外形是否平滑	20				
04	渲染效果	材质是否和 IP 形象相符； 光影是否合理；标志是否突出	20				
05	后期呈现	是否符合需求格式； 是否符合展示要求	20				

注：综合得分 =（自评 + 互评 + 师评）/ 3

项目5

手机APP开屏广告设计

手机APP开屏广告是一种网络推广形式。就如电视开机一样，用户每次打开手机APP，都可以看到精美的全屏广告画面。本项目通过设计开屏画面，熟悉综合建模知识，学习如何将多产品置入C4D中，以及学习制作多元素散落场景的方法。

【学习目标】

通过学习手机 APP 开屏广告设计过程，掌握应用综合建模知识、多产品置入 C4D 的方法、刚体便签的作用，以及提升不同材质质感的方法。

【学习场景描述】

公司的 S 系列高端护肤产品要参与“女神节”专场活动，需要一张 APP 开屏广告用于推广活动相关信息，引导用户跳转到专场页面。你作为设计师，需要按照公司要求设计一幅广告画面，提交成品图后，待各方确认无误，用于开屏广告的投放。

【任务书】

项目名称：“女神节”专场开屏广告设计。

项目资料：为高端护肤产品设计一个“女神节”促销开屏画面，画面包含参与活动的 S 系列产品（共 3 款），产品透明背景图如图 5-1 所示，主图所需文字如下所示。

图5-1

主标题：女神节专场。副标题：券享宠爱，光彩耀目。

利益点：每满 300 减 30。

活动时间：3 月 8 日 20:00 准时开启。

项目要求

（1）风格简约高级，体现 S 系列的高端产品属性。

（2）体现“女神节”促销氛围。

项目文件制作要求

（1）将文件夹命名为“name_ 女神节开屏广告设计 _date”（name 代表你的姓名，date 要包含年、月、日）。

（2）此文件夹包括 C4D 渲染后的 JPG 格式文件、经 Photoshop 后期处理的 JPG 格式文件、C4D 格式工程文件、包含 tex 贴图的文件夹、PSD 格式文件。

（3）尺寸为 1125px × 2436px，颜色模式为 RGB，分辨率为 72ppi。

完成时间

8 小时。

【任务拆解】

1. 草图设计及配色。
2. 制作猫头玻璃罩。
3. 制作科技感底座。
4. 制作不规则科技感背景和装饰元素。
5. 制作散落元素装饰。
6. 开屏画面光影营造。
7. 给开屏画面添加 OC 材质。
8. 后期制作。

【工作准备】

在进行本项目前，需要巩固以下知识点。

1. 开屏广告的设计要点。
2. 嵌入与挤压。

3. 实现倒角的 3 种方式。
4. 产品图片置入三维场景的方法。
5. 刚体标签的作用。
6. 制作重复不规则背景。
7. 提升材质质感的方法。
8. 后期制作。

如果已经掌握相关知识，可跳过这部分，开始工作实施。

知识点 1　开屏广告的设计要点

开屏广告一般是指当用户打开手机 APP 时，在进入主界面前会有一个时长为 3 秒左右的全屏广告，并带有跳转链接，点击链接可以直达专题页面或者产品详情页面，如图 5-2 所示。开屏广告占据了付费广告中的黄金位置，因此掌握制作开屏广告的技术是非常重要的。设计、制作开屏广告有几个设计要点需要了解。

图5-2

简洁明了：开屏广告应该尽量简洁明了，避免过于复杂或拥挤的设计。清晰的图像和简洁的文字，才能让用户快速理解和点击。

品牌一致性：开屏广告尽量与品牌形象一致，因此要使用品牌的颜色、字体和标志，以增强用户对品牌的识别和记忆。

引人注目：开屏广告需要具有吸引力，能够引起用户的兴趣和好奇心，为此可以使用高质量的图像和提升视觉效果的元素，例如鲜艳的颜色、有趣的图案或引人注目的动画效果。

适应不同屏幕尺寸：考虑到用户使用的设备各不相同，因此要确保设计方案的图像和文字在各种屏幕尺寸下都能清晰可见，并避免重要内容被裁剪或变形。

良好的用户体验：开屏广告设计应该避免使用过于闪耀或刺眼的颜色，以免引起用户的不适。同时，确保加载开屏画面不会占用过大内存，以免延长用户的等待时间。

知识点 2　嵌入与挤压

在 C4D 中把参数化对象转为可编辑对象后，进入【点】【边】或【面】任何一个层级，都会激活对应的鼠标右键工具，这些工具可分别对点、边、面进行编辑与修改。其中【嵌入】与【挤压】就是最常用的编辑工具。

创建【球体】对象，将【属性】面板中的【类型】改成二十面体，按 C 键将其转为可编辑对象，再切换到【面】层级，按快捷键 Ctrl+A 选中所有面，如图 5-3 所示。

图5-3

在视窗空白区域单击鼠标右键，在菜单中选择【嵌入】命令，随后勾选【属性】面板中的【保持群组】，按住鼠标左键，在视窗空白区域向右拖曳鼠标，就可以看到球体选中的面向内嵌入了一个新的面，如图 5-4 所示。

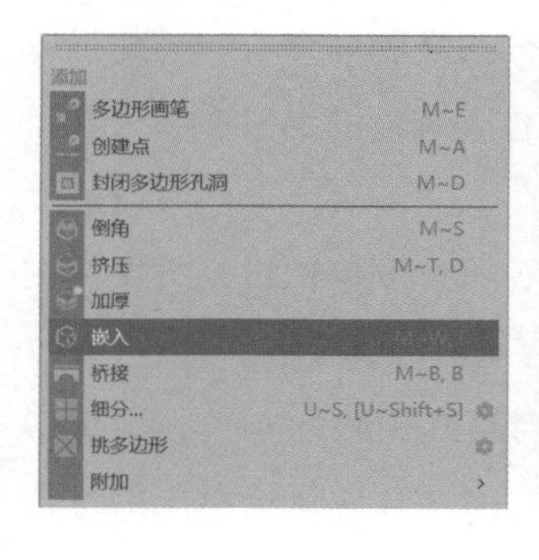

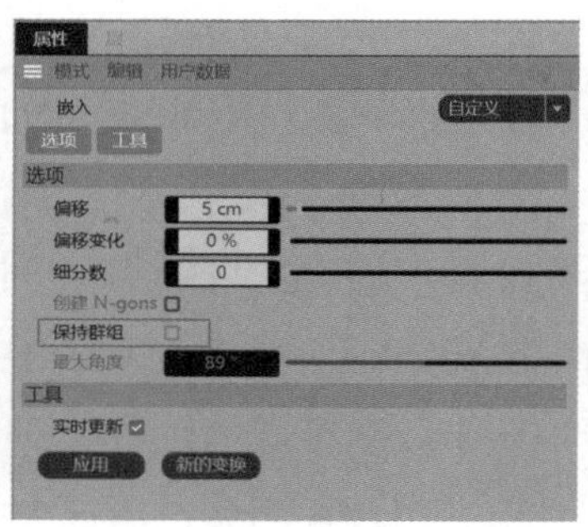

图5-4

在视窗空白区域再次单击鼠标右键，在菜单中选择【挤压】命令，在【属性】面板会出现挤压的相应属性，可以直接用数值控制，也可以手动控制挤压效果。按住鼠标左键，在视窗空白区域向右拖曳鼠标，就可以看到球体选中的面被挤压出高度，如图 5-5 所示。

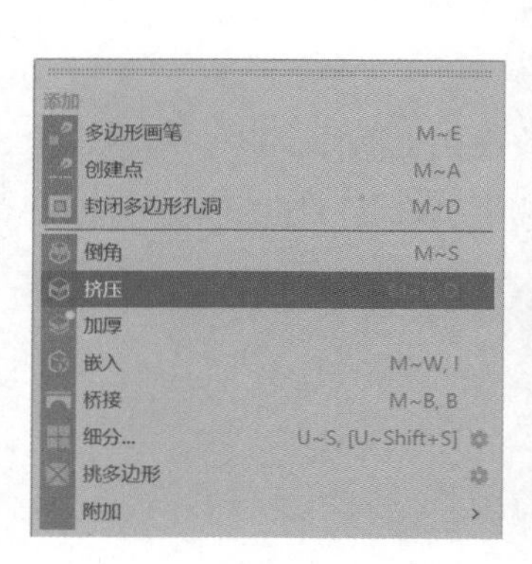

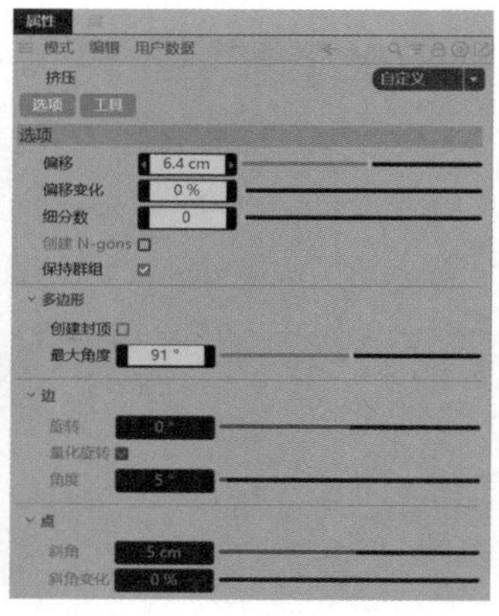

图5-5

重复同样的操作，可以配合使用嵌入与挤压。按住并拖曳鼠标向左或向右移动，会呈现不同的效果。尝试制作如图 5-6 所示的图形，最后加入【细分曲面】生成器，得到球体突出很多小坑的效果。

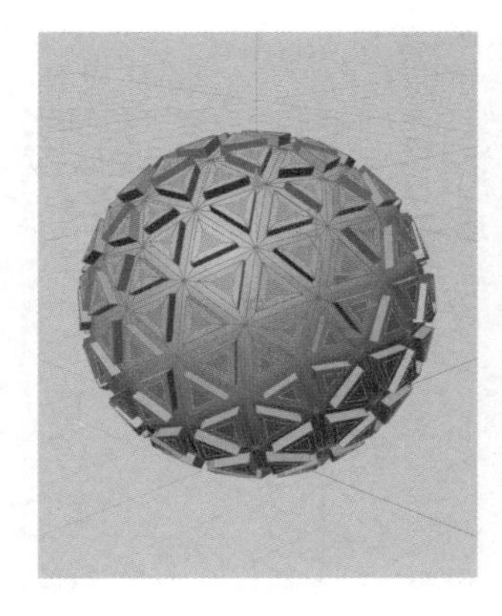

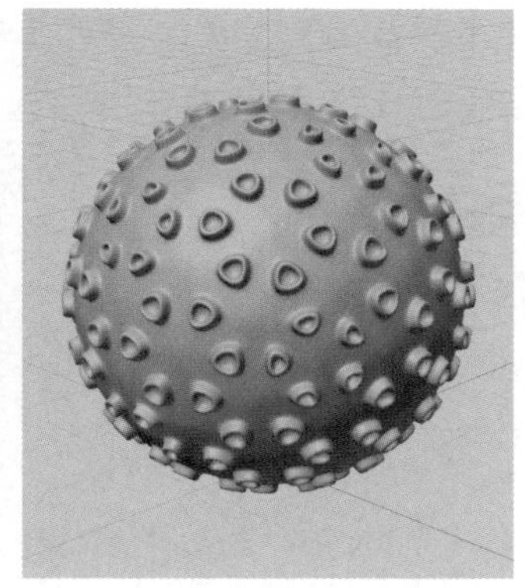

图5-6

知识点 3　实现倒角的 3 种方式

倒角在建模时非常重要，它可以让模型得到非常细致的渲染效果。在 C4D 中给模型倒角有几种不同的方式。

一是执行鼠标右键菜单中的【倒角】命令，这是给模型进行倒角的常用命令。

二是使用倒角变形器。【倒角】变形器位于【创建】菜单的【变形器】中，单击【倒角】即可创建，然后在【对象】面板中把它拖入需要倒角的模型子级，就可以对该模型应用倒角效果了。倒角变形器【属性】面板的参数和鼠标右键菜单中的【倒角】命令类似，在倒角模式中也可以切换成【实体】倒角模式，如图 5-7 所示。使用倒角变形器的优势在于可以随时调整倒角尺寸、倒角类型等相关参数，非常方便。

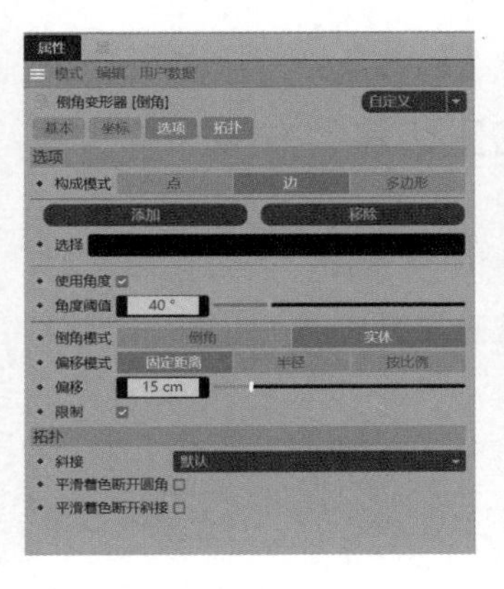

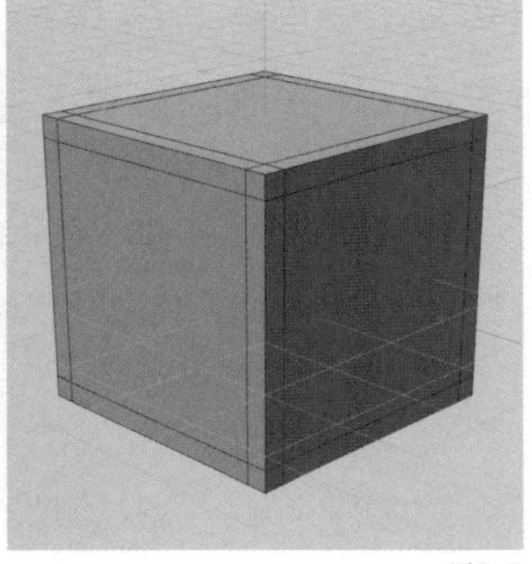

图5-7

三是使用 OC 材质球实现倒角效果。这种方法不改变模型实际布线，只在视觉效果上模拟倒角效果，操作方法也很简单。创建任意【Octane 材质】，在【圆角】通道中单击并创建【圆角】，修改【半径】可以调节倒角尺寸，如图 5-8 所示。

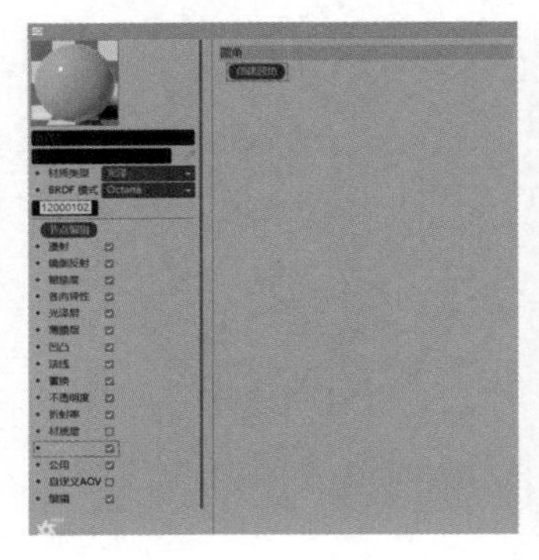
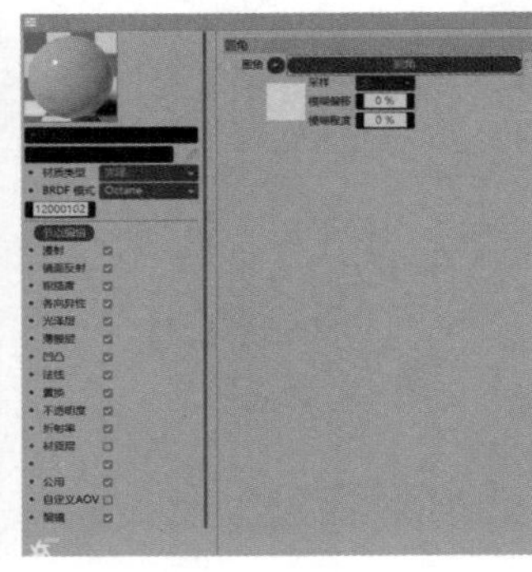
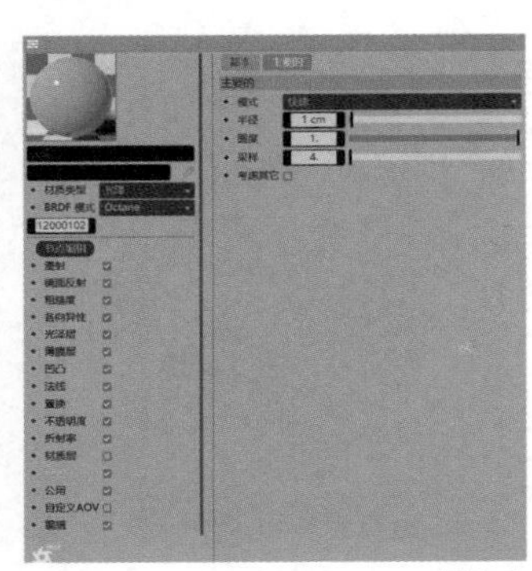

图5-8

把这个材质球赋予没有倒角的立方体，就可以看到渲染时出现倒角效果了，如图 5-9 所示。这种倒角方式适合模型面数非常多的情况，不需要为每条边做实际倒角，只在渲染时模拟，因此更加节省硬件计算资源。

图5-9

知识点 4　产品图片置入三维场景的方法

当设计师手上只有产品的透明背景图，同时又需要把产品图融入三维场景中时，不需要给产品建模，只用产品透明背景图，也是可以实现这一效果的。

在 Photoshop 中导入边缘清晰的透明背景产品图，复制该图片，把这张图片的背景填充黑色，产品填充白色，作为遮罩图备用，如图 5-10 所示。

图5–10

查看图片文件属性，得到产品图的宽度和高度信息，在 C4D 中创建一个和图片宽高比相同的【平面】对象，方向选择【-Z】，把平面移动到 C4D 场景中，如有配饰，可以和平面穿插，如图 5-11 所示。

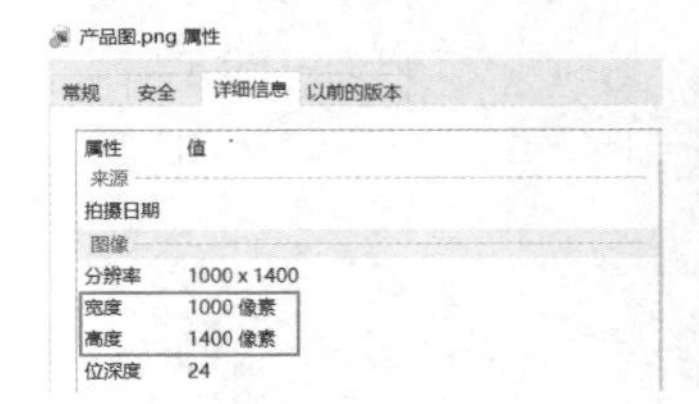

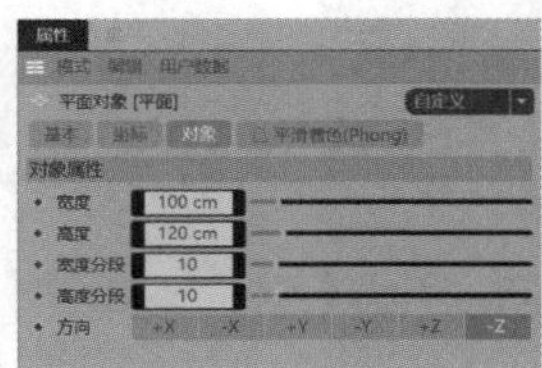

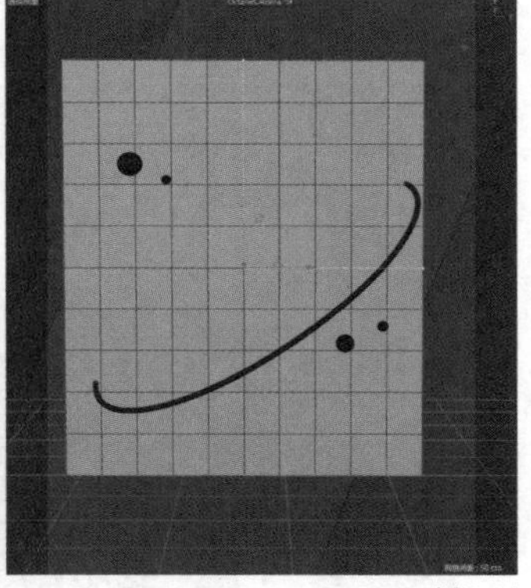

图5–11

创建【Octane 漫射材质】，在节点编辑器中拖入透明背景产品图，链接到【漫射】通道，把这个材质赋予【平面】对象，查看图片位置是否合适，如图 5-12 所示。

将准备好的黑白产品图拖入节点编辑器，把它链接到【不透明度】通道，这样就把产品周围的背景部分变成透明的，产品就很自然地融入三维场景了，如图 5-13 所示。

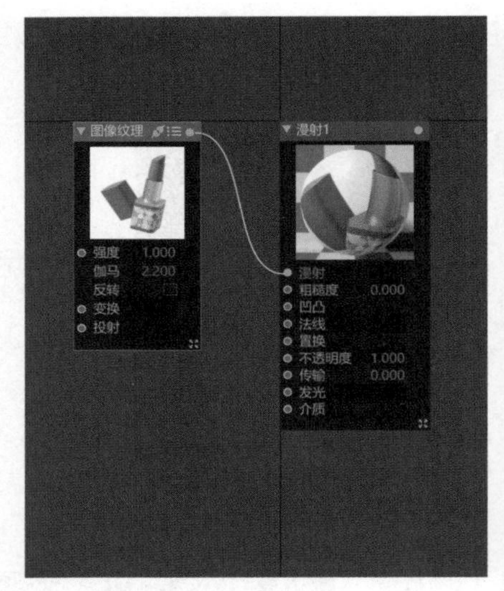

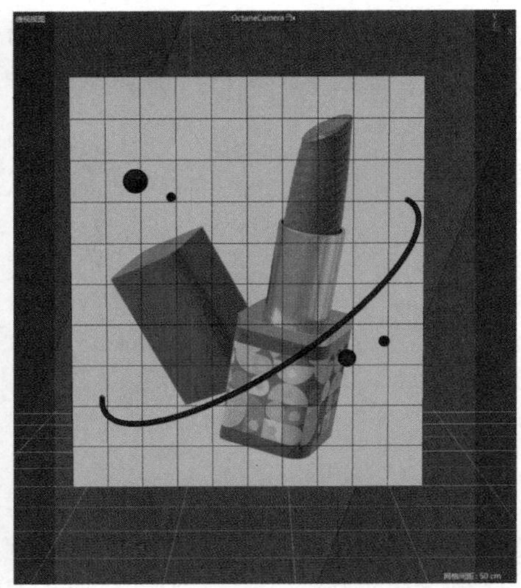

图5-12

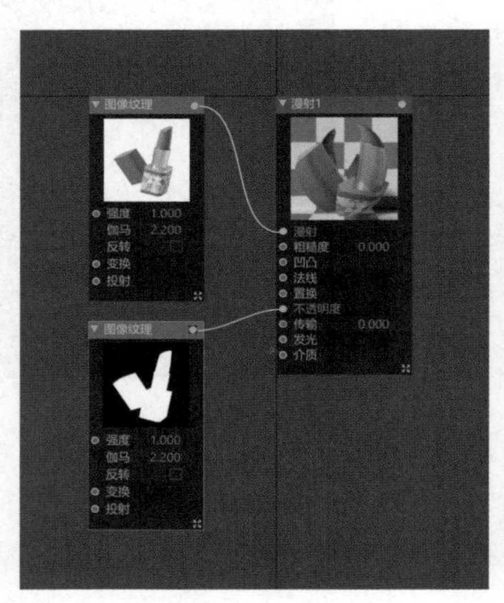

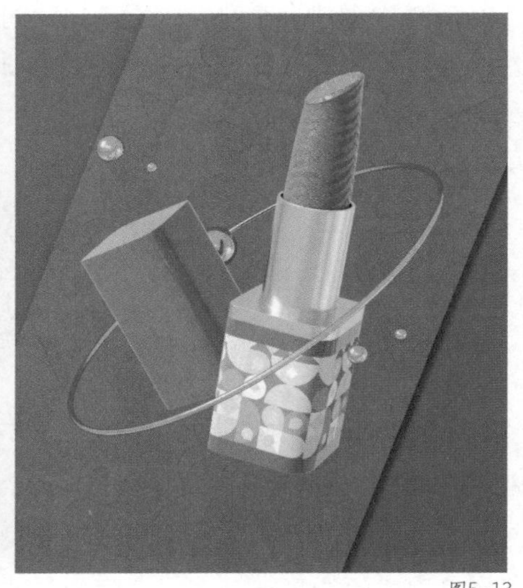

图5-13

知识点 5　刚体标签的作用

在很多电商广告中，有类似海洋球一样的多元素散落场景装饰画面，这一类画面在 C4D 中制作起来非常方便。在 C4D 的动力学系统中，刚体标签是核心功能之一，通过将刚体标签应用于对象，可以模拟真实世界中的物理行为，使得对象能够根据刚性物体的物理规则进行运动、碰撞和互动，还会模拟重力的影响。

通过刚体标签，设计师可以控制对象的运动方式：设置对象的初始位置、速度和旋转，并通过施加力或约束来控制对象的模拟运动轨迹，而这种刚体的特性就是制作多元素散落场景的关键。

接下来创建几个不同的参数化模型，包括【球体】【立方体】【圆环面】和【角锥】，以此作为要散落的元素，再创建一个特别大的【平面】作为地面，如图 5-14 所示。

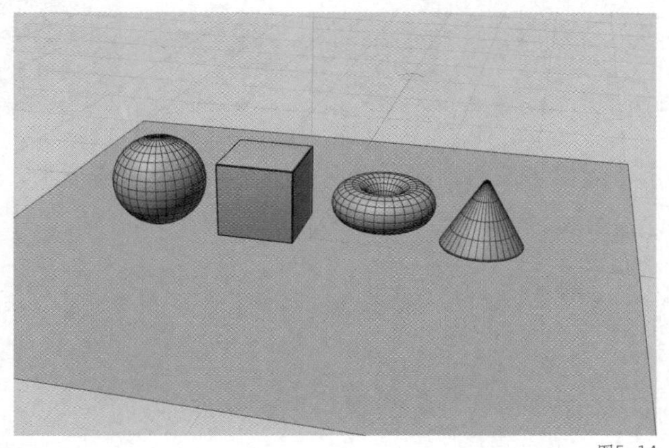

图5-14

想要获得元素散落一地的效果，可以使用【克隆】功能多加元素。创建【克隆】生成器，把这 4 个模型都拖入克隆的子级，将克隆【模式】改成【网格】，【数量】设为 5、6、5，尺寸调整到所有元素紧挨着但不穿插，这样元素的数量就足够了，如图 5-15 所示。把克隆对象移动到平面上方的悬空位置。

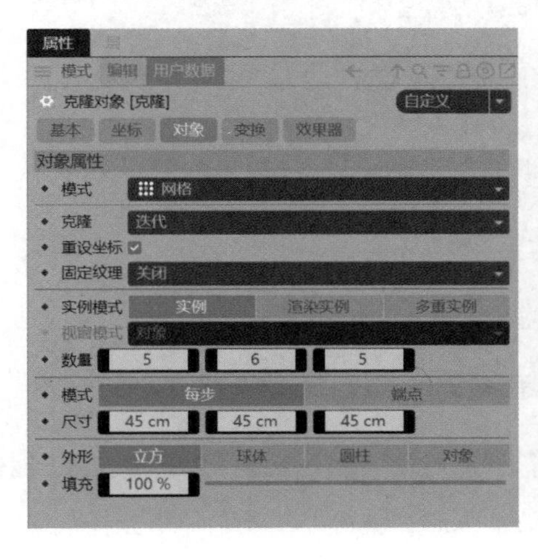

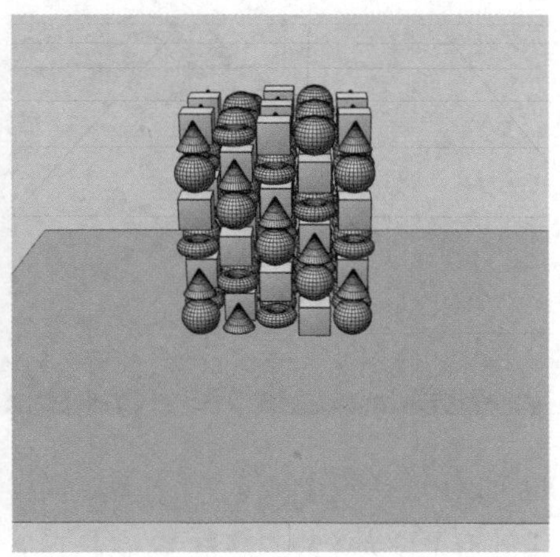

图5-15

在【对象】面板中，分别给 4 种模型添加【子弹标签】中的【刚体】，再在平面上添加【碰撞体】，如图 5-16 所示。在碰撞体属性中改变【外形】为【静态网格】。

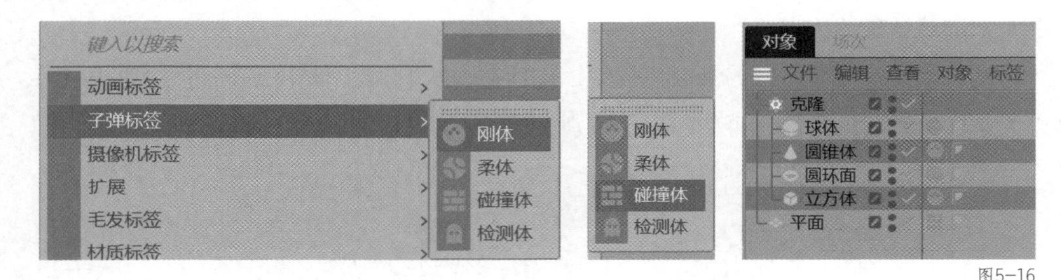

图5-16

添加好后单击【播放】按钮，就可以看到所有元素都掉落下来，被地面接住，元素呈随机散落状，如图 5-17 所示。

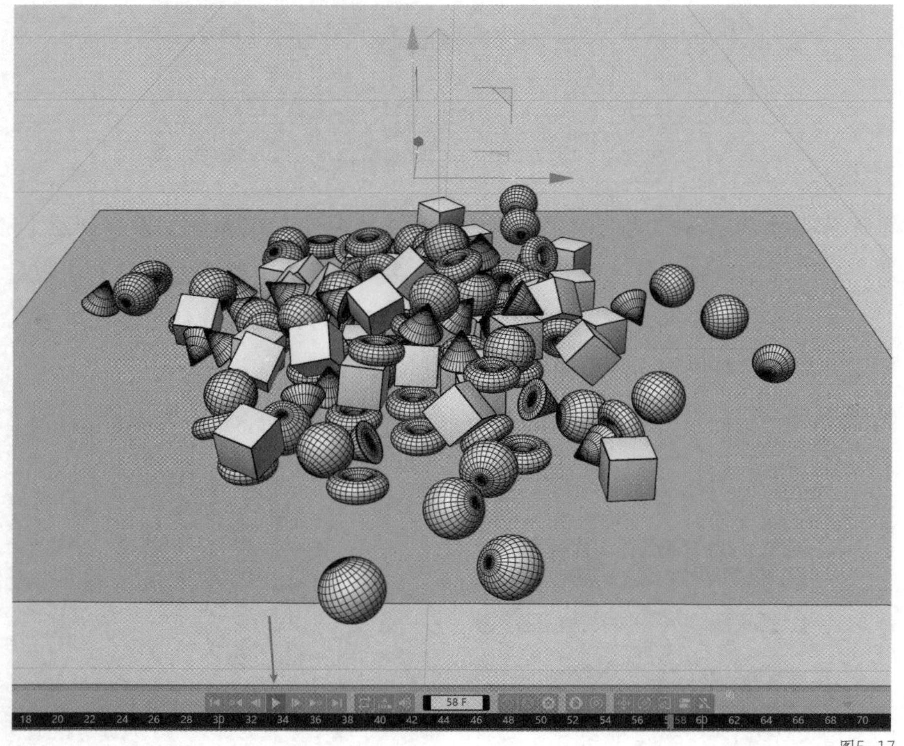

图5-17

也可以用【管道】制作一个托盘，同样给管道对象添加【碰撞体】标签，将【属性】中的【外形】设为【静态网格】，这样在播放动画时，就可以让元素掉落到托盘中，得到想要的效果后暂停动画即可得到静帧效果，如图 5-18 所示。

图5-18

知识点 6　制作重复不规则背景

制作重复不规则背景，最便捷的方法就是配合使用运动图形工具中的【克隆】生成器和【随机】效果器，以此得到变化丰富的背景。

首先创建一个基础图形，这里创建的是【立方体】，调整它的尺寸和厚度，如图 5-19 所示。

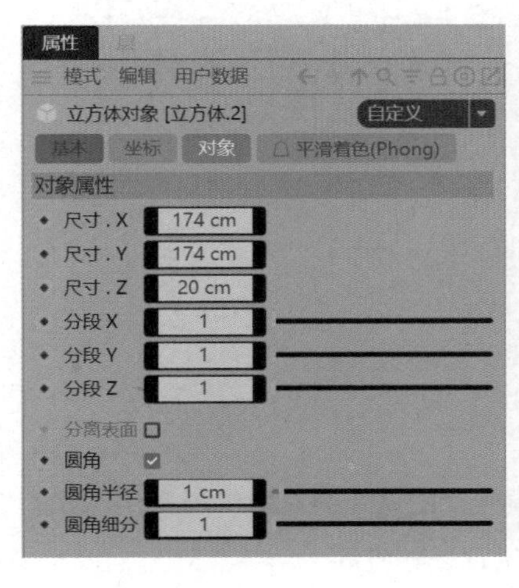

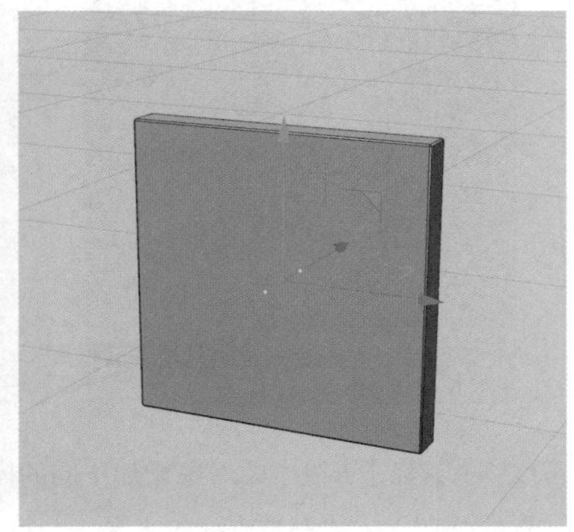

图5-19

创建【克隆】生成器，在克隆属性中调整【模式】为【网格】,【数量】改为 5、5、3，在【属性】面板中把【立方体】模型拖入【克隆】的子级，也就是把立方体克隆成高度 5 行，宽度 5 列，进深 3 排的立方体矩阵，如图 5-20 所示。

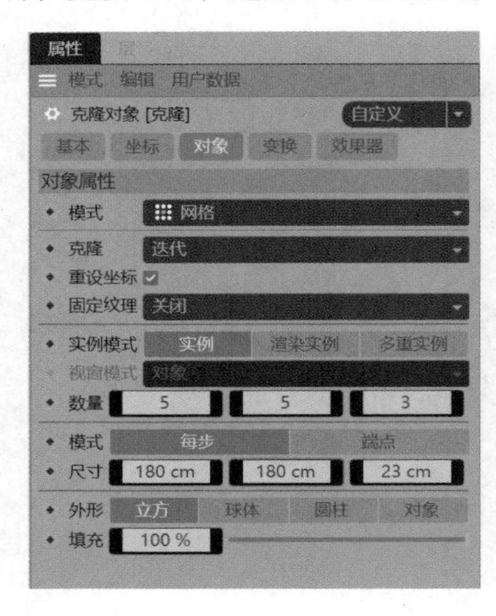

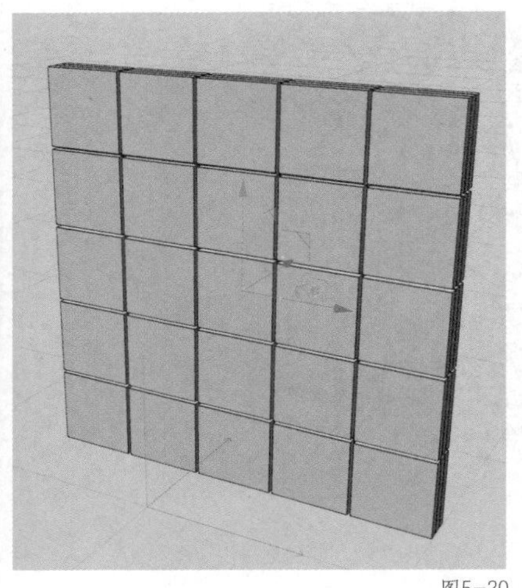

图5-20

选中【克隆】生成器，创建【随机】效果器，勾选【参数】中的【位置】，P.X、P.Y、P.Z 分别对应着 X、Y、Z 三个轴向，这时调整它们的数值，可以使矩阵中的立方体在三个方向出现不同程度的偏移，得到重复且不规则的随机图案，如图 5-21 所示。

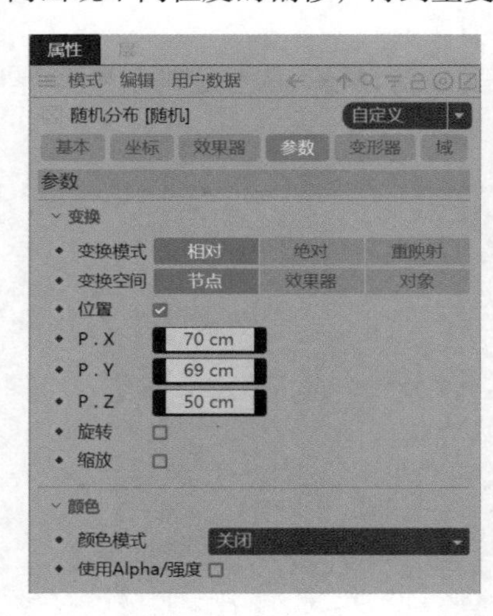

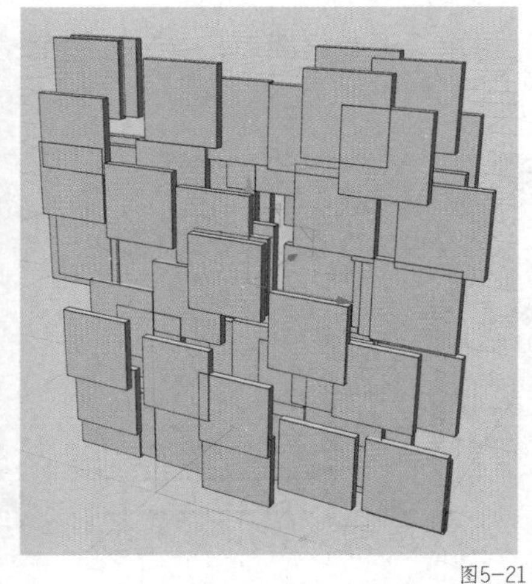

图5-21

可以为【克隆】子级中的对象增加不同的模型，使克隆的对象出现变化。如图 5-22 所示，圆柱体和立方体都被克隆出来了，并且位置是随机的。

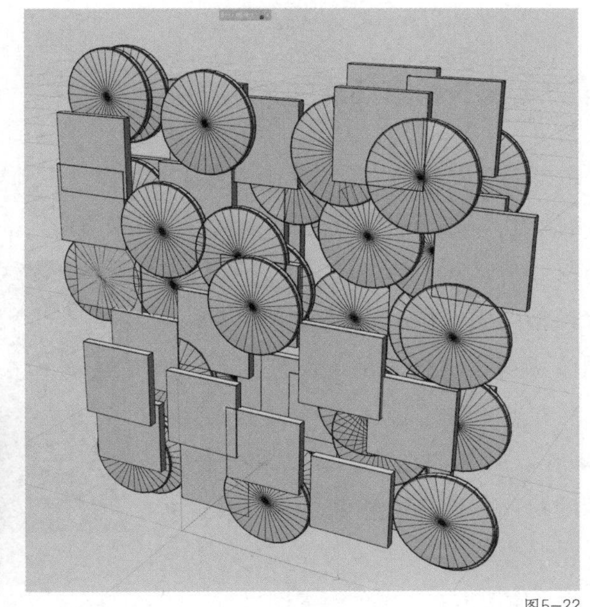

图5-22

通过不断调整【克隆】子级的模型对象，就得到了不同的不规则图案，这些图案可以进一步做成效果丰富的背景图，如图 5-23 所示。

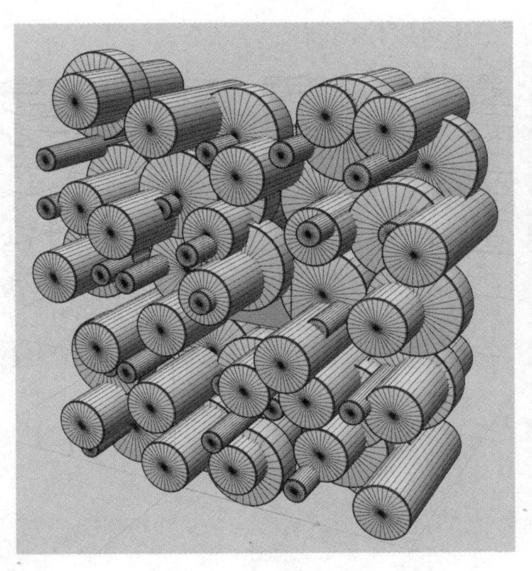

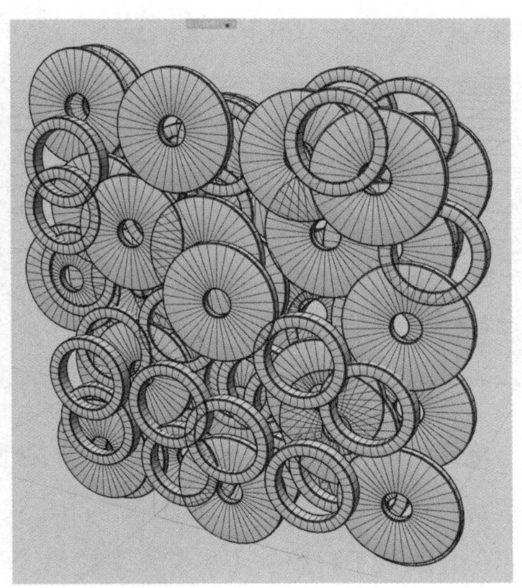

图5-23

知识点 7　提升材质质感的方法

三维模型材质的质感会影响画面整体的画质，并且对最终的视觉效果和观感产生很大影响。想要提升材质质感，可以从以下几个方面入手。

颜色：在模型不复杂的时候，可以先创建好模型的固有色材质，这时只需要调整材质【漫射】通道中的【颜色】，添加【渐变】节点，就可以改变单调的画面。图 5-24 所示的是蓝色纯色材质和蓝色渐变材质的对比，后者质感更晶莹，画面更富有变化。

图5-24

贴图：使用带有质感的贴图同样也可以丰富画面，增加材质质感。如图 5-25 所示，在折射率不变的情况下，只要贴图合适，也能让材质呈现逼真的质感。

凹凸：通过【凹凸】通道、【法线】通道或【置换】通道，都可以让材质产生不同程度的凹凸效果。如图 5-26 所示，不改变颜色也可以使画面细节丰富。

图5-25

图5-26

光泽：同样的颜色渐变，恰当增加材质的光泽度，也可以提升画面质感。如图 5-27 所示，只改变了材质的【折射率】数值，就使画面更为耐看。

图5-27

知识点 8　后期制作

在后期调色时，经常需要单独调整某一对象的颜色，由于后期抠图比较麻烦，因此最好在 OC 渲染时，提前预留出主体模型的图层蒙版，便于后期制作。

在 OC 渲染器中制作图层蒙版非常方便，主要包括以下几个步骤。

给要添加蒙版的模型标序号：在【对象】面板中，选中【球体】模型，单击鼠标右键，选择菜单中的【扩展】→【C4doctane 标签】→【Octane 对象标签】，添加绿色的对象标签。选中该标签，在【属性】面板中调整【对象层】的【自定义 AOV】为【自定义 AOV2】，这样就给这个模型标上了序号 2，如图 5-28 所示。

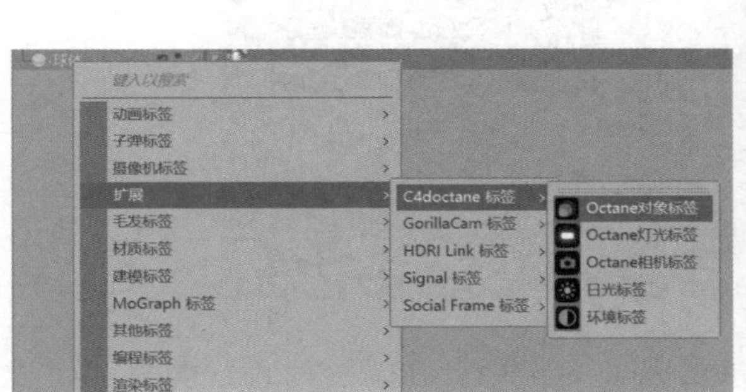

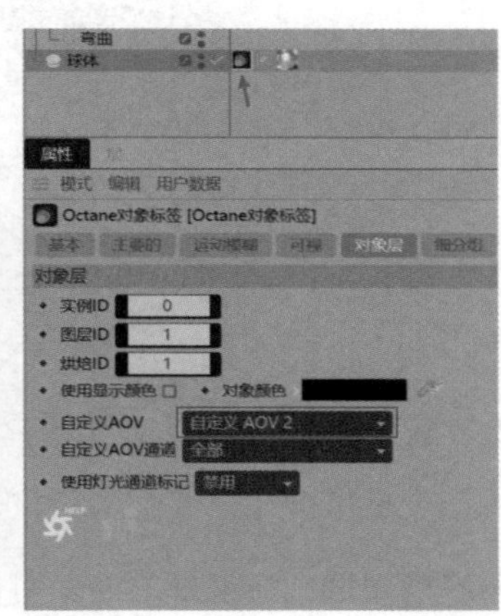

图5-28

渲染设置：打开渲染设置界面，在【Octane 渲染器】中选择【渲染 AOV 组】，打开【渲染通道管理器】，在【类别】中双击添加【自定义】，如图 5-29 所示。

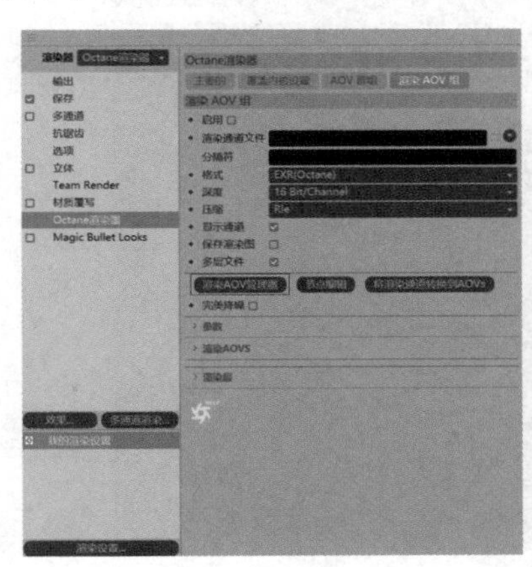

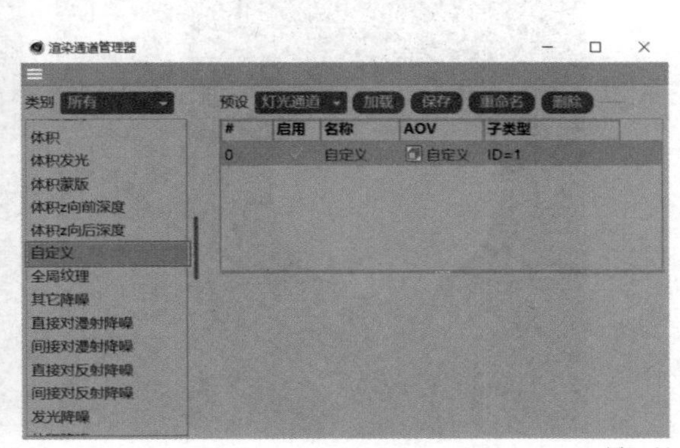

图5-29

添加序号：选中添加的自定义项，单击【类型】旁边的下拉箭头，在【ID】中选择【自定义2】，如图5-30所示。

设置保存地址：在【渲染AOV组】中，勾选【启用】，将【格式】设为【PSD】，勾选【显示通道】【保存渲染图】和【多层文件】，如图5-31所示。

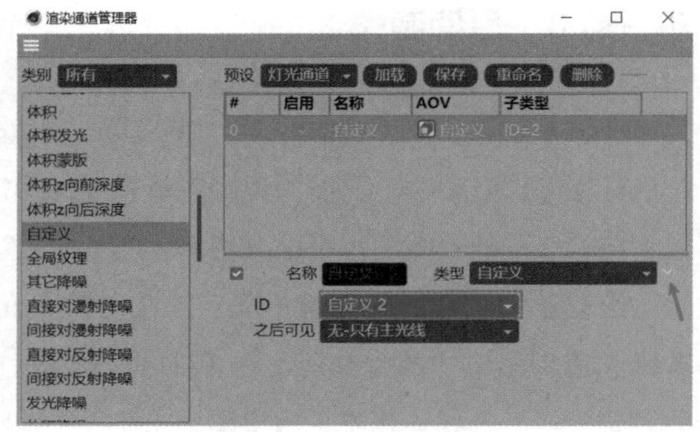

图5-30

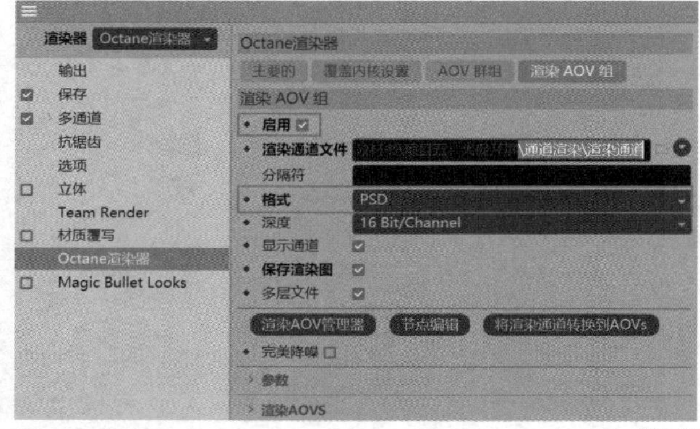

图5-31

渲染文件：渲染好之后就可以在Photoshop中打开渲染好的PSD格式文件。此时能够看到标记的模型已经有了一个单独的黑白蒙版，可以单独选中模型部分的图片进行颜色调整了，如图5-32所示。

图5-32

【工作实施和交付】

首先根据需求文档，确定实施步骤，绘制结构草图。再在C4D中创建模型底座，置入产品。制作带有质感的材质并赋予模型，整体渲染调色后再增加文字并对其进行排版，最终交付合格的图片。

草图设计及配色

根据资料设计草图，用一个猫头玻璃罩体现节日氛围，玻璃罩中心是三个产品漂浮其中，下方是个具有科技感的底座，周围使用科技感元素装饰，以此体现高端与科技护肤概念。背景设计简洁，在底座周围制作一点不规则图形，整体画面颜色选用闪亮的金色，呼应产品属性，如图5-33所示。

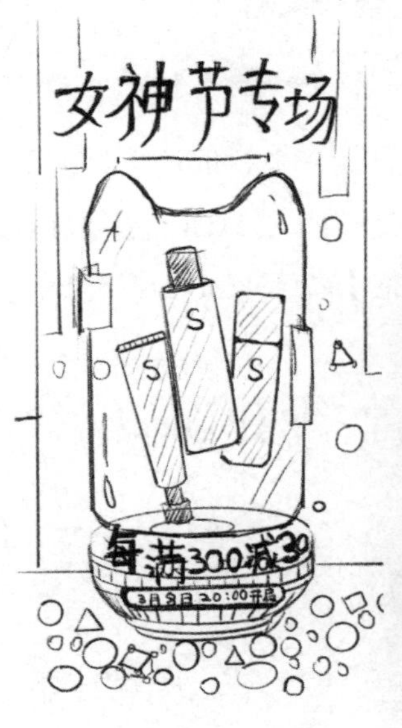

图5-33

制作猫头玻璃罩

对于猫头样式，可以在Illustrator中画出路径导入C4D，也可以直接在C4D中使用样条画笔绘制，然后单击鼠标右键，利用菜单中的【倒角】命令把每个尖角做圆滑。

再用【挤压】生成器挤出厚度，调整样条的【点差值方式】使其更密集，将挤压的【封顶和倒角】中的【细分】改成【Delaunay】，使猫头模型布线均匀一些。最后添加【FFD】变形器，将【网点】改为3，拉动猫头正面和背面的中心点，使猫头鼓起来，如图5-34所示。

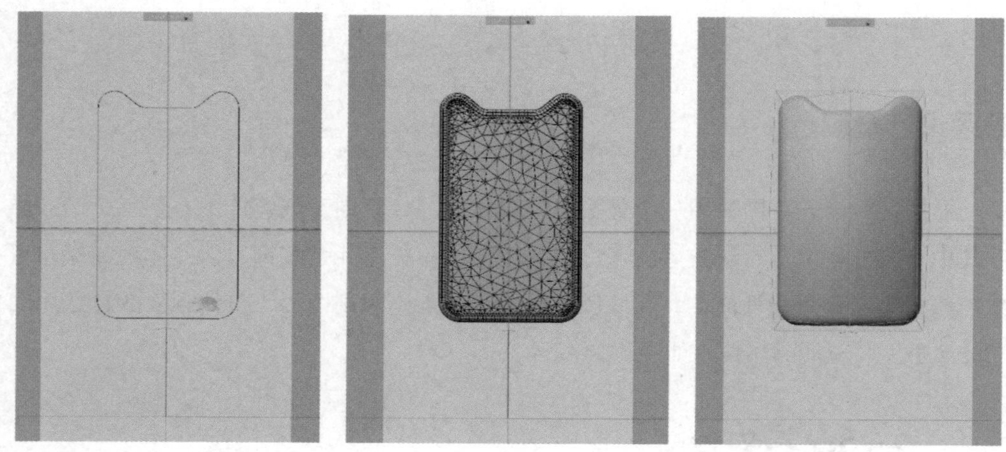

图5-34

给猫头周围制作一些薄薄的透明片。创建【圆柱体】对象，取消【封顶】，勾选【切片】，调整【起点】和【终点】数值，就可以做成围绕猫头的弧面。想要旋转角度，就适当调整终点角度，并多复制几个圆柱体，不断调整【高度】和切片终点角度，如图5-35所示。

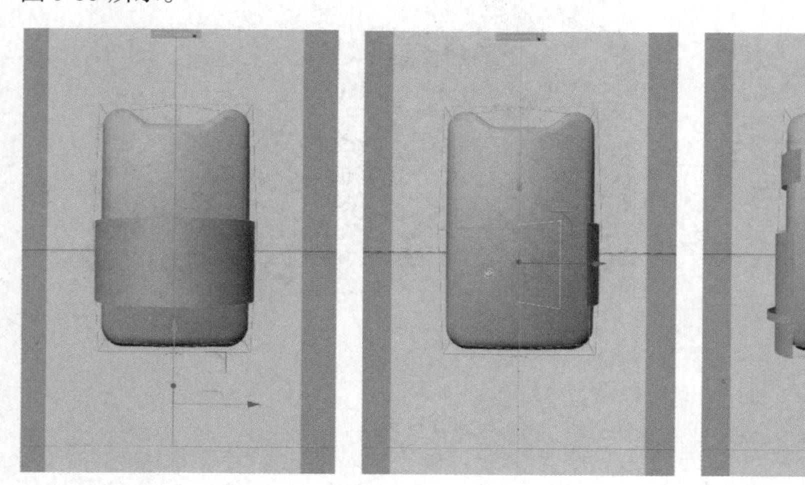

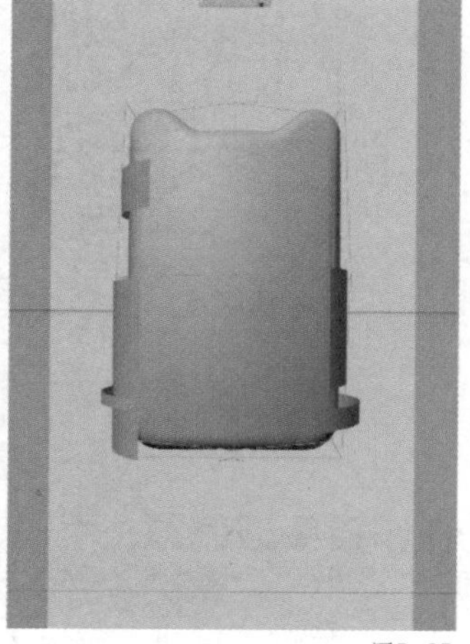

图5-35

制作科技感底座

创建【圆柱体】，并增加【旋转分段】和【高度分段】，使圆柱体面数变多，然后把它转换为可编辑模型。使用缩放工具调整整体形态，使圆柱体呈现上大下小的盆状，然后使用【选择】菜单中的【循环选择】工具，配合【嵌入】和【挤压】命令，分别调整圆柱体的各部分样式，获得凹凸效果，如图5-36所示。

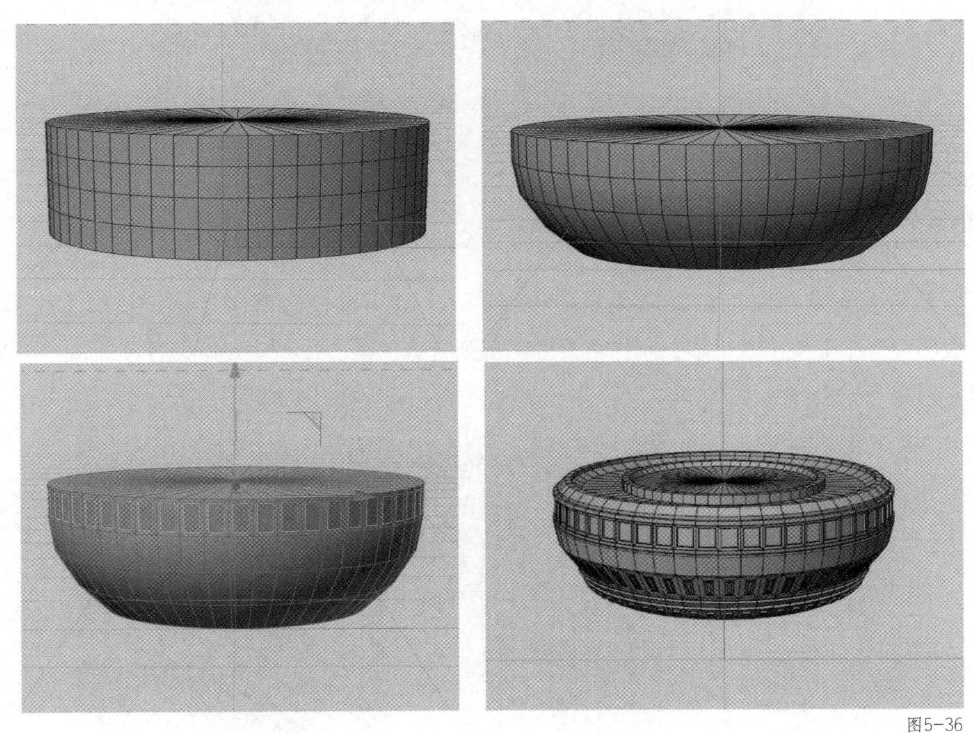

图5-36

把底座移动到猫头的下方，使猫头悬浮其上。再创建【文本】参数对象，选择粗一些的字体，输入“每满300减30”，将其移动到底座前方。文字需要放在最显眼的位置引起用户的兴趣。在文字的下方绘制一个圆角矩形样条，并挤压出厚度，作为活动时间的背景框，如图5-37所示。

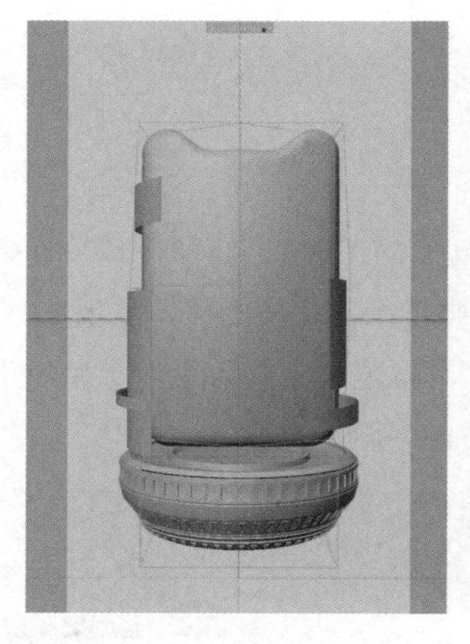
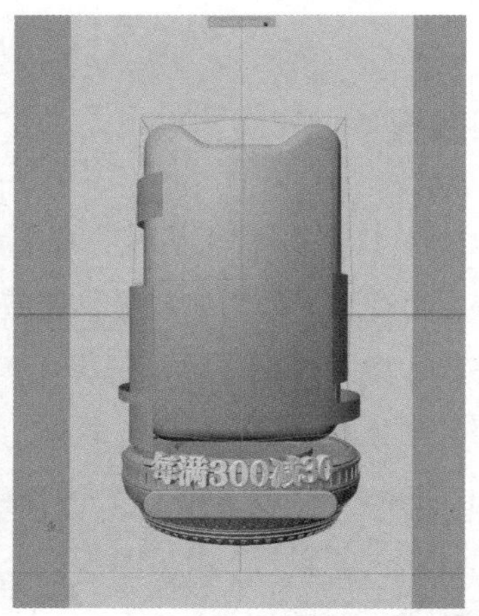

图5-37

制作不规则科技感背景和装饰元素

广告背景要尽量简洁，避免复杂。创建一个立方体作为基本形状，使用【克隆】生成器配合【随机】效果器，制作重复的不规则背景图案，并移动到猫头后方，如图 5-38 所示。

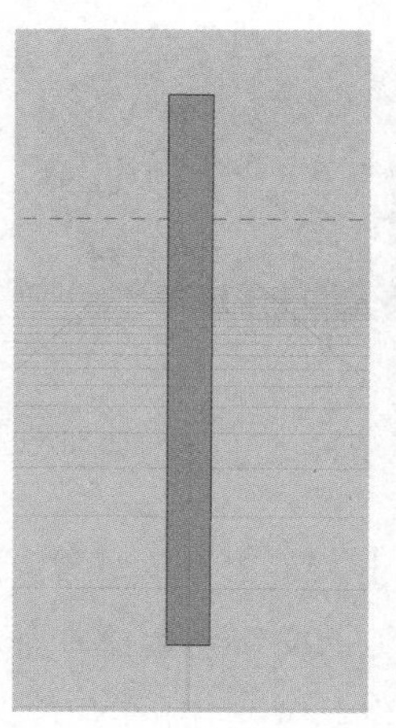
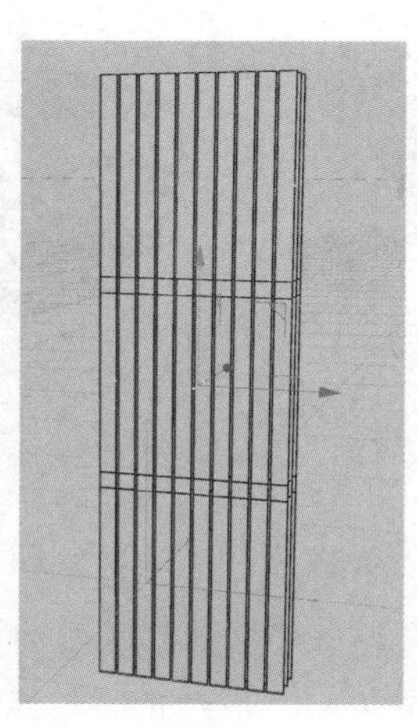
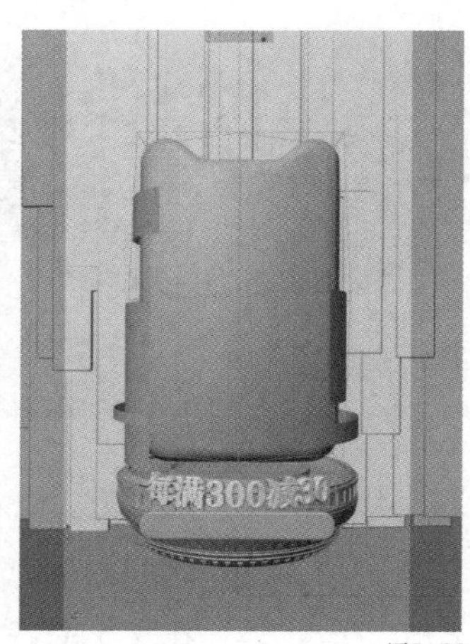

图5-38

创建【球体】并调整其【半径】尺寸，做出 3 个大小不同的球体装饰元素。再创建【宝石】，将【类型】设为【八面】。复制一个宝石并同位放大，添加【晶格】生成器。通过调整球体半径和圆柱半径，做出晶体的外壳。最后把这些元素移动到猫头附近，调整位置和旋转角度，使元素浮在四周，如图 5-39 所示。

图5-39

制作散落元素装饰

地面的散落装饰同样可以利用元素克隆来实现。想要做出散落效果，就需要给每个元素添加【刚体】标签，再给作为地面的【平面】对象添加【碰撞体】标签，单击【播放】按钮播放动画，直到找到比较满意的一帧，得到元素散落效果，如图 5-40 所示。

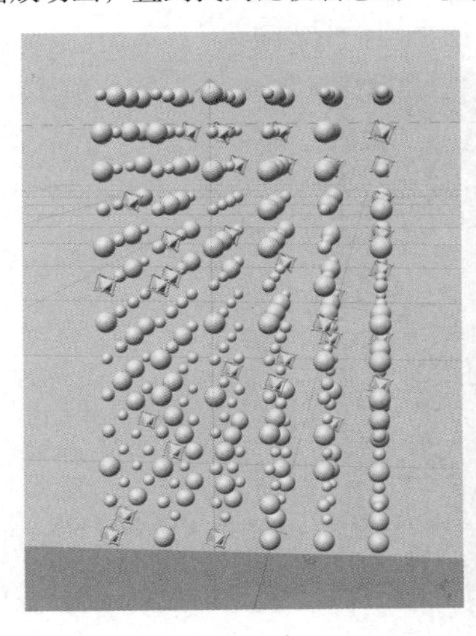

图5-40

把猫头、底座和不规则背景与散落元素组合，添加【Octane 摄像机】,【焦距】选择【80毫米】，并固定摄像机视角，如图5-41所示。

图5-41

开屏画面光影设计

打开OC渲染器，先进行渲染设置，然后创建【Octane环境标签】，在【属性】的【纹理】位置添加一张工作室HDRi贴图，模拟左右光源效果。再创建【Octane区域光】，移动到猫头正前方偏上的位置，照亮整个场景，如图5-42所示。

图5-42

给开屏画面添加 OC 材质

给开屏画面添加材质，从画面中心的猫头入手。首先创建【Octane 镜面材质】，将【透射】通道的颜色改为纯白色，使材质更透亮，把这个材质赋予猫头的玻璃罩。为了让镜面材质折射显示正确，这里需要在猫头模型的父级位置增加一个【布料曲面】生成器，去掉细分，增加【厚度】为 1cm，使模型带有厚度，这样就能看到透明玻璃罩的效果了，如图 5-43 所示。

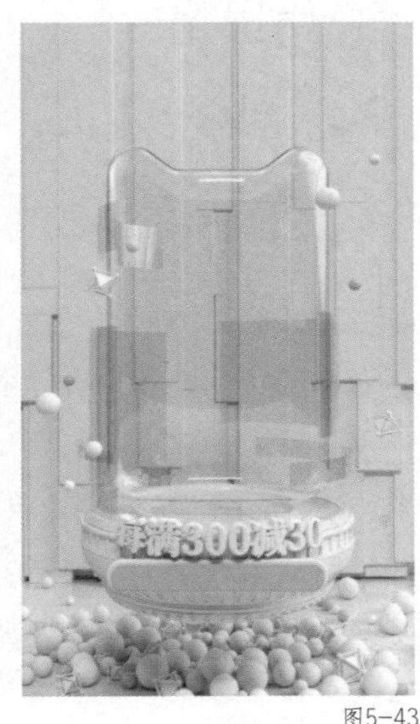

图5-43

复制【Octane 镜面材质】，将【透射】通道的颜色调节为非常浅的黄色，将其赋予环绕猫头的透明片，这里同样需要给透明片增加厚度，才能让镜面材质正确显示折射效果。

创建【Octane 光泽材质】，选择一个浅金色，将其赋予底座顶面、文字下方的圆角框和地面对象。另外，最小的元素球也可以使用这个材质效果。

背景的面积在画面中呈现比较多，需要更有质感。复制一个【Octane 光泽材质】，在【凹凸】通道添加一张不规则黑白格子的图像，不仅做出了具有科技感的凹凸纹理，还使背景和地面色调统一，同时又在纹理上有了变化。这个材质也赋予最大的球体元素，进一步丰富画面。

再创建一个【Octane金属材质】，将【镜面反射】通道调节为浅金色，赋予剩余的元素球、底座、宝石元素和文字及文字边框，如图 5-44 所示。加入金色材质后，整体画面更精致。

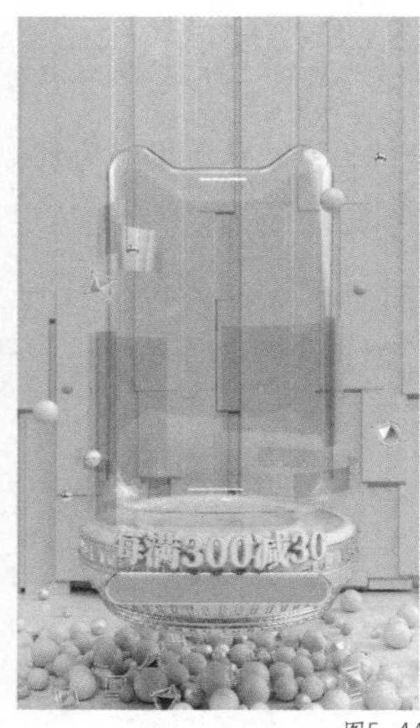

图5-44

创建【Octane 漫射材质】，勾选【发光】通道中的【黑体发光】，将【强度】和【色温】的数值降低，做出淡黄色光效，将这个材质赋予“每满 300 减 30”文字和宝石中心的八面体上。

最后创建 3 个【Octane 漫射材质】，将【漫射】通道链接产品图，【不透明】通道链接透明底产品图，材质给到平面。最后查看产品比例，调整位置和遮挡关系，这样就把 3 个产品置入整体场景了，如图 5-45 所示。

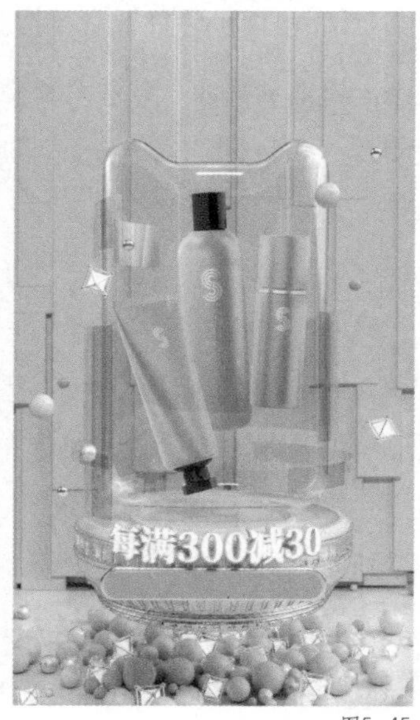

图5-45

后期制作

为了产品的位置更方便调节，可以给猫头部分添加【Octane 对象标签】，把产品部分单独渲染出来，再导入 Photoshop 给产品提亮。整体画面部分可以增加对比度，为上下方的文字部分增加颜色深一些的渐变，便于辨识，如图 5-46 所示。

因为是针对女士用户的产品宣传，所以为“女神节专场”选用柔美的字形。最后将其他对应的文字也添加到图上，整张开屏画面就做好了，如图 5-47 所示。

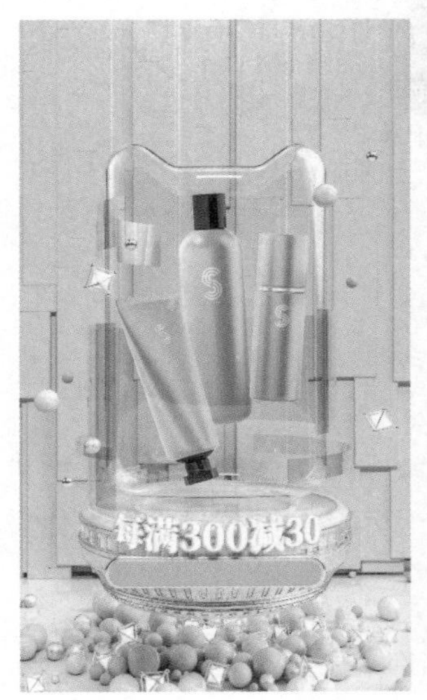

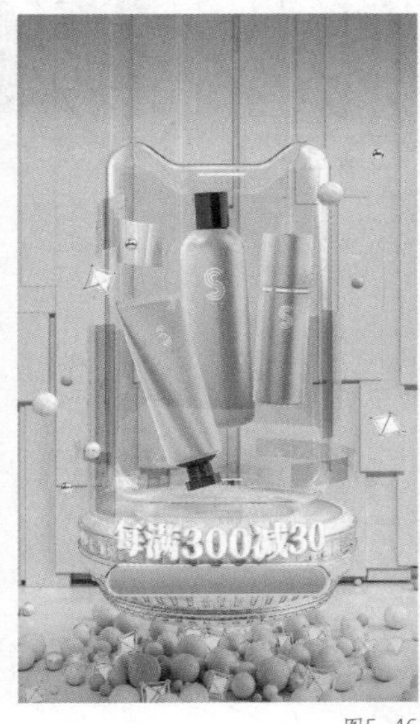

图5-46

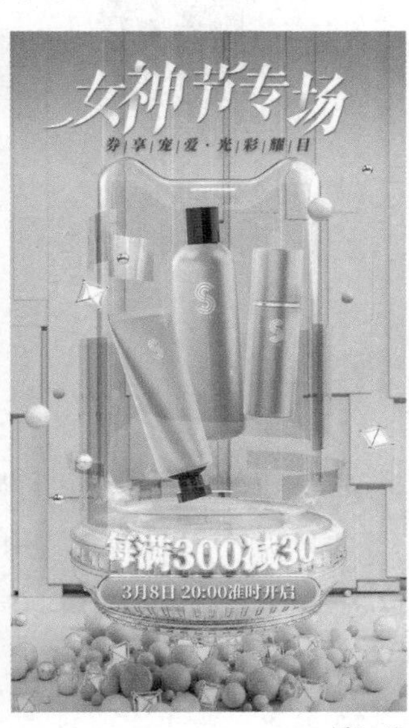

图5-47

调整完成后就可以保存文件并打包交付了。

在 C4D 中选择【文件】菜单中的【保存工程（包含资源）】，就可以保存 C4D 格式工程文件（.c4d）和 tex 贴图文件夹了。

在 Photoshop 中选择【文件】菜单中的【存储（S）】，保存 PSD 格式的后期文件。

把所有文件一起存到新文件夹中，并命名为“uu_女神节开屏广告设计_20230910”（也可以根据需要更改名字和日期），就可以交付工作了，如图 5-48 所示。

图5-48

【作业】

你现在是一名**电商设计师**，公司的美妆产品要参与“99 划算节”促销活动，需要一张手机 APP 开屏广告，用于推广活动相关信息，以利于吸引用户到促销页面。你需要按照以下要求去设计开屏广告。

项目资料

利益点：整点限时秒杀。

活动时间：9 月 8 日 20:00 至 9 月 11 日 24:00。

项目要求

（1）风格简约，颜色柔和，符合美妆产品消费人群定位。

（2）体现大促氛围和“99 划算节”相关信息。

（3）主标题是“99 划算节”美妆专场，副标题是“尊享优惠”。

项目文件制作要求

（1）将文件夹命名为“name_99 划算节美妆专场开屏广告设计 _date”（name 代表你的姓名，date 要包含年、月、日）。

（2）此文件夹包括 C4D 渲染后的 JPG 格式文件、经 Photoshop 后期处理的 JPG 格式文件、C4D 格式工程文件、包含 tex 贴图的文件夹、PSD 后期格式文件。

（3）尺寸为1125px×2436px，颜色模式为RGB，分辨率为72ppi。

完成时间

8小时。

【作业评价】

序号	评测内容	评分标准	分值	自评	互评	师评	综合得分
01	构图	是否根据开屏广告特点选择了合适的构图方式	20				
02	配色	配色是否符合风格需求； 配色是否符合平台需求	20				
03	建模	布线是否均匀；外形是否平滑	20				
04	渲染效果	材质是否符合要求； 光影分布是否合理；产品是否突出	20				
05	后期制作	是否添加了需求文字； 是否符合开屏广告要求	20				

注：综合得分 =（自评 + 互评 + 师评）/ 3